虚实融合的双指力觉交互技术

李 建 石文天 著

机 械 工 业 出 版 社

本书主要阐述虚实融合的双指力觉交互技术，以此构建了沉浸式虚拟现实系统。该系统实现虚拟空间与真实空间的统一，视觉空间和力觉空间的统一，用户可以与虚拟世界进行直接而自然的双指力觉交互。本书共6章，分别为绪论、沉浸性虚拟环境的生成、大操作空间双指力觉交互系统的实现、力觉交互系统表现刚度、力觉空间与视觉空间的融合和双指直接力觉交互。本书针对虚实融合的双指力觉交互技术进行研究，相关成果在虚拟拆装、模拟训练、娱乐游戏、数据可视化等领域有着重要意义。

本书可为虚拟现实力觉交互技术领域的研究者和从业人员提供技术和分析方法，也可作为机械电子工程及相关专业研究生的教学参考书。

图书在版编目（CIP）数据

虚实融合的双指力觉交互技术/李建，石文天著.

北京：机械工业出版社，2024.9. -- ISBN 978 – 7 – 111 – 76435 – 9

Ⅰ. TP391. 98

中国国家版本馆 CIP 数据核字第 202494PF62 号

机械工业出版社（北京市百万庄大街 22 号　邮政编码 100037）
策划编辑：黄丽梅　　　　　　　责任编辑：黄丽梅　王春雨
责任校对：牟丽英　薄萌钰　　　封面设计：马精明
责任印制：郜　敏
三河市宏达印刷有限公司印刷
2024 年 9 月第 1 版第 1 次印刷
169mm×239mm · 9 印张 · 173 千字
标准书号：ISBN 978-7-111-76435-9
定价：48.00 元

电话服务　　　　　　　　　　　网络服务
客服电话：010-88361066　　　　机　工　官　网：www. cmpbook. com
　　　　　010-88379833　　　　机　工　官　博：weibo. com/cmp1952
　　　　　010-68326294　　　　金　书　网：www. golden-book. com
封底无防伪标均为盗版　　　　机工教育服务网：www. cmpedu. com

前　言

　　沉浸式虚拟现实系统旨在创建一个高度真实的三维虚拟世界，操作者以直观而自然的方式与这个虚拟世界交互，并获得与真实世界一致的视觉、听觉和力觉等感知。人类的力觉感知有这样一个特性：当各种混淆或者自相矛盾的信息呈现给感觉器官时，力觉感知所提供的关于世界的线索是认知系统最为信任的。在沉浸式虚拟现实系统中，力觉感知和交互是保证系统沉浸感和真实感的关键要素。本书针对虚实融合的双指力觉交互技术进行研究，相关成果在虚拟拆装、模拟训练、娱乐游戏、数据可视化等领域有重要意义。

　　为了实现真正沉浸式的虚拟环境，首先应该实现虚拟空间与真实空间的融合统一。本书第 2 章深入研究了视差式立体显示技术原理，采用真实感立体图像对的生成算法，保证了立体成像位置的准确性。针对虚拟空间与真实空间的尺度不统一问题，提出了以投影屏幕作为中介的尺度统一方法，实现了虚拟空间与真实空间坐标系的重合。沉浸式虚拟现实系统对力觉交互设备有特殊的要求，不但要有大的操作空间，还要适合对虚拟物体的直接操作，不能阻碍用户视线，因此本书介绍了线绳式力觉交互系统。第 3 章主要阐述线绳式大操作空间双指力觉交互系统的实现问题。为提高力觉交互系统的表现阻抗范围，第 4 章对力觉交互系统表现刚度进行了研究。为了实现对虚拟物体的第一人称直接操作，做到"所触即所见"，必须保证视觉和力觉空间的精确融合。第 5 章研究了沉浸式虚拟现实系统中所涉及的坐标系，对发生变形和位置检测不准确的坐标系进行了校正，然后通过坐标转换，将视点坐标系和力觉空间坐标系都统一到以投影屏幕中心为原点的投影系统坐标系中。第 6 章中研究了双指直接力觉交互，用户不仅能触摸到虚拟物体，而且能对其进行抓持、移动、翻转等操作。研究中将操作分为六种状态，分别计算双指所受交互力，结合物理引擎的应用，极大提高了交互过程真实感。多人参加的评价实验表明，融合后的系统基本消除了视觉和力觉感知冲突，能实现对虚拟物体的直接操作。

　　本书主要章节由李建完成写作，石文天负责第 2 章中多屏幕融合部分的写作。本书的出版得到了北京工商大学的支持，特此感谢！

李建于北京工商大学

2024 年 5 月

目 录

第1章 绪 论

1.1 虚拟现实简介

1.1.1 虚拟现实的概念与特征

虚拟现实是指采用以计算机技术为核心的现代高科技生成逼真的视、听、触觉等一体化的虚拟环境，用户借助必要的设备以自然的方式与虚拟世界中的物体进行交互，相互影响，从而产生身临其境的感受和体验。

它既是一种先进的人机界面（人机交互方式），同时又包含了内部对真实或想象世界的模拟和表达，William R. Sherman 等人把虚拟现实称为一种媒体。

虚拟现实技术具有以下几个突出的特征：

（1）多感知性。所谓多感知，是指除了一般计算机技术所具有的视觉感知之外，还有听觉感知、力觉感知、触觉感知，甚至包括味觉感知、嗅觉感知等。理想的虚拟现实技术应该具有一切人所具有的感知功能。由于相关技术，特别是传感技术的限制，目前虚拟现实技术所具有的感知功能仅限于视觉感知、听觉感知、力觉感知、触觉感知等几种。

（2）沉浸性。又称浸入性，指虚拟现实体验者存在于虚拟环境中的感觉。沉浸分为精神沉浸和身体沉浸，精神沉浸描述了一种深深投入其中的状态，对虚拟环境深信不疑；身体沉浸指的是体验者在肉体上全部进入虚拟世界，并接收到身体感官的合成刺激。身体沉浸是虚拟现实的一个重要方面。

理想的模拟环境应该使用户难以分辨真假，使用户全身心地投入到计算机创建的三维虚拟环境中，该环境中的一切看上去是真的，听上去是真的，动起来是真的，甚至闻起来、尝起来等一切感觉都是真的，如同在现实世界中的感觉一样。

（3）交互性。指用户对模拟环境内物体的可操作程度和从环境得到反馈的自然程度。虚拟现实中的交互应该做到有效与实时，有效性指的是虚拟环境的真实感和交互的自然性，实时指虚拟现实系统能快速响应用户的输入。例如，用户可以用手去直接抓取模拟环境中虚拟的物体，这时手有握着东西的感觉，并可以感觉物体的重量，区分所拿的是什么，并且视野中被抓的物体也能立刻随着手的移动而移动。

这些特征之间是相互影响密不可分的，没有了交互性与多感知性，就不会有沉浸感，没有了沉浸感，交互性也自然变差，交互性差又会造成各种感知的不真实。如何充分发挥这几个特征，是虚拟现实研究的主要内容。

1.1.2 虚拟现实的应用

虚拟现实技术在军事与航空航天、娱乐、医学、教育与艺术、制造业等领域具有广泛的应用空间。

在工业领域，采用虚拟现实技术实现汽车、飞机、家用电器、物品包装等产品的外形设计。在复杂产品的布局设计中，通过虚拟现实技术可以直观地进行设计，避免一些不合理的问题，如工厂和车间中的机器布置、管道铺设、物流系统的不合理等。在机械产品的设计阶段，可用于解决运动构件在运动过程中的运动协调关系、运动范围设计、可能的运动干涉检查等。在机械产品的装配阶段，可用于配合设计、可装配性的检查。虚拟样机取代传统的硬件样机，可以大大节约新产品开发的周期和费用，很容易发现设计和装配的问题。图1.1所示为设计者将虚拟现实技术用于航空发动机的维护性研究。

图1.1 设计者将虚拟现实技术用于航空发动机的维护性研究

军事上，虚拟现实技术可用于生成包括作战背景、战地场景、各种武器装备和作战人员等的立体虚拟战场世界，以及单兵模拟训练，如飞行模拟器等。在武器设计和研制过程中，可用虚拟现实技术提供先期演示，检验设计方案，把先进的设计思想融入武器装备研制的全过程，从而保证总体质量和效能，实现武器装备投资的最佳选择；对于有些无法进行实验或者实验成本太高的武器研制工作，也可由虚拟现实技术来完成。研制者和用户利用虚拟现实技术，可以方便地介入系统建模和仿真试验的全过程，既能缩短武器系统的研制周期，又能合理评估作战效能及其操作的合理性，使之接近实战的要求。采用虚拟现实技术对未来高技术战争的战场环境、武器装备的技术性能和使用效率等方面进行仿真，有利于选择重点发展的武器装备体系，改善其整体质量和作战效果。同时，武器供应商可采用虚拟现实系统通过网络等展示武器的各种性能。

在航空航天领域，虚拟现实技术可用于对宇航员的训练、实现空间机器人的遥控操作等，应用于月球、火星等的空间探测。

在科学研究过程中，虚拟现实技术可实现科学可视化，即将大量的数据，以三维的形式，更加形象地表达出来，帮助理解其科学概念或复杂结果的数值表示，如流体动力学、分子模型、地质结构等。

在教育和培训方面，虚拟现实技术可用于建立虚拟校园，以及在建筑、机械、物理、生物、化学等学科教学时进行虚拟演示和实验，另外还可用于汽车、飞机等的驾驶训练。

娱乐是虚拟现实技术应用最广泛的领域，如立体电影以及沉浸式多感知的游戏。

在医学领域，虚拟现实技术可用于建立数字化人体模型以及虚拟手术系统。

1.1.3 沉浸式虚拟现实系统

根据沉浸性程度的高低和交互性的不同，可以把虚拟现实系统分为两个主要类型：窗口式虚拟现实系统和沉浸式虚拟现实系统。

窗口式虚拟现实系统也称桌面式虚拟现实系统，是以计算机屏幕作为虚拟现实用户观察虚拟世界的一个窗口，利用个人计算机或者初级图形工作站等设备，采用立体图形产生一虚拟场景，使用立体眼镜观看计算机屏幕中的三维场景，能使用户产生一定的沉浸感。通过键盘、鼠标、力矩球和数据手套等输入设备操纵虚拟世界，实现与虚拟世界的交互。这种系统因技术简单、成本低廉，在实际中有不少应用。

沉浸式虚拟现实系统是一种高级的、较为理想的虚拟现实系统。它提供一种完全沉浸的体验，使用户有一种仿佛置身现实世界的感觉。由于视觉感知是虚拟现实最常用的感觉通道，而且研究较早，沉浸式虚拟现实系统是基于立体显示模式分类的，主要有基于头盔显示器的和基于投影的。

基于头盔显示器的沉浸式虚拟现实系统是采用头盔显示器来实现立体视觉输出，可使用户完全投入。主要缺点是显示设备较重，给用户较大负担；屏幕小，分辨率低；显示屏离眼睛太近容易引起疲劳。基于投影的沉浸式虚拟现实系统采用一个或者多个大屏幕来实现大场景的立体视觉效果，图像亮度高，分辨率高。

沉浸式虚拟现实系统的主要特点之一是能支持多种输入输出设备并行工作，有着良好的系统集成度与整合性能。利用多种输入输出设备，给用户以视觉、听觉和力觉等多种感知，保证用户与虚拟世界自然地交互。沉浸式虚拟现实系统集中体现了虚拟现实的主要特征：多感知性、沉浸性和交互性，是虚拟现实研究的主要方向。

1.2　虚拟现实系统中的力觉交互

1.2.1　多感知技术概述

多感知性是虚拟现实技术的主要特征，指的是虚拟世界能够模拟人在现实世界中的多种感受，如视觉、听觉、触觉、力觉等。

研究表明，人类从外界获得的信息，有 80% 以上来自视觉。虚拟现实系统中视觉感知输出是最常用的，也是技术最成熟的，有各种技术和设备能给用户提供立体视觉信息，比如头盔显示器、大屏幕式立体显示及主动、被动和裸眼立体观看技术。听觉信息是人类仅次于视觉信息的第二传感通道，是多感知虚拟现实系统中的一个重要组成部分。它一方面可以接受用户的语音输入，另一方面也可以生成虚拟世界中的立体三维声音。

触觉和力觉是人类的重要感知通道，人类的许多活动都离不开触觉和力觉感知。触觉和力觉同样是一个双向感知通道，一方面人们利用触觉和力觉信息感知世界，另一方面也利用其完成操纵物体的任务。触觉和力觉的内容很丰富，可以提供给人物体几何形状、表面纹理、滑动、弹性、重力等信息。没有触觉和力觉，就不可能与环境进行复杂和精确的交互。触觉和力觉感知技术是虚拟现实领域的重要研究内容，已有的交互系统和实验证明了触觉和力觉感知的必要性与有效性。比如在虚拟机械拆装训练领域，虽然现在的很多软件都能够模拟复杂系统的拆装过程，但是所演示的只是一个过程，并不是对用户技能的训练，如果要提高操作者的操作熟练度，必须模拟真实拆装过程中的触觉和力觉感知。又比如当用户移动虚拟物体时，如果物体放到桌面上时有力觉感知，就能很容易确定放置是否完成，迅速进入到下一操作步骤。

多感知是虚拟现实技术发展的必然趋势，多种感知通道的融合，特别是力觉感知的加入，使得虚拟系统真实性更高，沉浸性更好，人机交互更加自然和有效。理想的虚拟现实系统应该提供人类所具有的一切感知信息，提供方便的、丰富的、基于自然技能的人机交互手段。多感知虚拟现实系统的结构如图 1.2 所示。

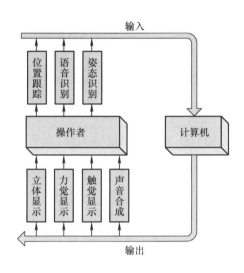

图 1.2　多感知虚拟现实系统的结构

目前的虚拟现实技术还远未达到可以获取用户的各种信息，并将虚拟世界通过各感知通道提供给用户的阶段。对单独的感知通道研究来说，听觉和视觉显示技术相对要成熟，触觉和力觉技术取得了一些进展，但还不够深入，其他感知通道的研究更是少有人涉及。而现有的多感知虚拟现实系统主要就是视觉与听觉两种感知的显示（图 1.3），近些年有些研究者将力觉感知加入了系统。但这些系统有些是交互方式不自然有些是沉浸性差。例如一般在虚拟场景里设置跟随用户真实手运动的图像模型或者标识点，用户通过观察该模型或标识点在虚拟环境中的位置，操作力反馈设备与虚拟物体进行交互。有些则因为精度差，人眼和手不能相互配合造成感知的冲突，丧失真实性和沉浸感。

1.2.2　融入力觉交互的虚拟现实系统研究现状

随着力觉交互技术的研究进展，许多研究者将力觉交互设备与立体视觉显示相结合，构建了不同形式、针对不同应用的系统。

法国昂热大学（University of Angers）昂热科学技术研究所（Institut des Sci-

图 1.3　现有的多感知虚拟现实系统

ences et Techniques de l'Ingenieur d'Angers，ISTIA）的保罗·理查德（Paul Rich-ard）及其负责的实验室建立了一套大场景多感知虚拟现实系统（Virtual Reality Platform for Simulation and Experiment，VIREPSE），如图 1.4 所示。该系统可包括视觉、听觉、力觉和触觉四种感知通道。力觉交互采用东京工业大学佐藤实验室开发的用于人工现实的空间接口技术（Space Interface Device for Artificial Reality，SPI-DAR），触觉显示采用在 5DT 公司的 14DOF 无线数据手套上附加小型手机电动机实现。在场景中存在虚拟手模型，用户通过观察虚拟手进行操作。当虚拟手接触或操作虚拟零件时，系统会根据具体情况产生视觉、听觉、触觉等不同的提示。系统可应用于教育领域的数据可视化以及产品模型的设计、虚拟拆装等。实验表明，多感知的反馈极大地提高了操作性能。

图 1.4　昂热大学的大场景多感知虚拟现实系统

　　迭戈·博罗（Diego Borro）等人开发了一套用于航空工业设计的虚拟现实系统，并融入了特别设计的航空可维护性力觉接口（Large Haptic Interface for Aeronautic Maintainability，LHIFAM），如图 1.5 所示。极大的操作空间加上力觉信息的支持，使得大型航空发动机的设计开发变得简单而高效，并且降低成本。例如，设计模型可以马上进行可维护性分析，通常这需要制造出实物样机后才能进行。

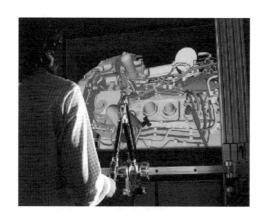

图 1.5　航空可维护性力觉接口

　　美国普渡大学将便携式力觉显示器（Portable Haptic Display，PHD）集成到大范围沉浸式虚拟环境中，实现多通道的信息感知。集成 PHD 的虚拟现实系统采用分布式控制结构，力觉显示和视觉显示分别由不同的计算机控制。如图 1.6 所示，控制力反馈的计算机放置在小车上，便于移动到不同的视觉显示系统中。计算机之

图 1.6　普渡大学的 PHD

间采用 TCP/IP 协议的无线网络连接，每台计算机软件中都设有模型同步机制，使力觉显示和视觉显示实时同步。该系统解决了力觉显示器与各种不同视觉显示器的兼容性问题，同时，分布式的控制结构增强了系统的计算能力。只需要重新设计模型同步器便可以适用于新的虚拟环境模型和软件库，所以该结构具有平台的独立性。

东南大学的宋爱国教授团队设计构建了一套带有双手力觉反馈的人机交互系统（见图 1.7），采用两个多自由度力觉反馈装置检测、跟踪双手在三维空间的位置和姿态，并在触碰虚拟物体时为操作者提供反馈力。该系统操作空间较大，反馈力最高可达 20N，扭矩可达 0.4N·m。

图 1.7　带有双手力觉反馈的人机交互系统

前面介绍的几个系统都是基于屏幕投影的，基于头盔显示器的沉浸式虚拟现实系统中同样可以加入力觉感知。如图 1.8 所示，Immersion 公司开发了力觉工作站（Haptic Workstation）系统，就是将立体头盔显示与力觉交互相结合。用户的左右手均戴上 CyberForce 力反馈手套，而在立体头盔显示的虚拟环境里存在虚拟的双手模型，其移动和姿态与实际双手相一致。力觉交互设备结构复杂，但是能为双手提供多自由度的力觉显示，既能表现抓握力，又能表现各种空间力。

以上这些系统虽然结合了视觉、力觉等多种感知通道，但是视觉和力觉的显示在空间位置上是独立的，用户的操作如同远程操作一般，靠观察场景中的手的模型或标识点来完成。这种交互方式不但把人和虚拟世界隔离开来，降低真实感，而且由于不符合人与事物习惯性的交互方式，降低了用户的操作效率。

理想的多感知系统应该能够以如同现实世界一样的方式给用户提供各种感官信息，将各种感知有效融合。为了实现直接交互，必须做到各种感官的协同定位。对于融合视觉和力觉感知的系统，协同定位意味着用户视觉感知的虚拟物体的位置应该与力觉感知的空间位置是一致的。这样的交互才能符合人们日常的交互方式，从

图 1.8 力觉工作站系统

而简化用户大脑融合不同感知的过程，提高真实感、交互性和操作效率，降低用户操作的疲劳度。要做到这一点，需要实现虚拟空间与真实空间的统一，视觉空间与力觉空间的统一，因此用户视点精确跟踪注册、立体图像空间定位和力觉交互设备末端位置检测精度是必须要解决的一些问题。

国内外的一些学者进行了这方面的一些研究，构建了协同定位的系统。

美国犹他大学的科学计算和图像研究院建立了视觉 – 力觉工作台（The Visual Haptic Workbench），如图 1.9 所示。该系统将 SensAble 公司的 PHANToM 3.0 力反馈设备悬挂在 T 形架上实现力觉的显示，用户佩戴 CrystalEyes LCD 液晶立体眼镜实现立体显示，同时将 Polhemus Fastrak 接收器置于立体眼镜上实现对用户头部的跟踪。该系统还有声音的提示，从而实现立体视觉、力觉、听觉多感知的交互界

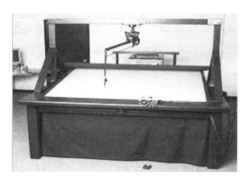

图 1.9 视觉 – 力觉工作台

面，为科学数据的直观显示提供了平台。

托西奥·伊马达（Toshio Ymada）等人设计开发了一个虚拟工作间，用于从多个方向观察三维虚拟物体，同时能够利用力觉交互设备实现对虚拟物体的直接触摸，如图1.10所示。他们利用 PHANToM 系统实现对虚拟物体的操作，因此整个工作间建立在桌面上，操作者以坐姿完成体验。为了实现大视场立体显示，研究者围绕用户布置了三个投影幕，并且呈现60°倾角，以适应操作者斜向下而非水平的观看习惯。利用电磁方位跟踪器跟踪用户视点并实时设定三个投影幕的透视投影平截头体实现虚拟图像空间与真实空间融合。三维建模实验表明，系统对提高工作速度有极大帮助。

图1.10　虚拟工作间

标致雪铁龙汽车公司的研究者们对线绳式力觉交互工作台（见图1.11）进行了改进，建立了融合立体视觉和力触觉感知的沉浸式工作环境。他们的研究中综合考虑了大操作空间与大立体显示空间，头部跟踪与协同定位，力觉感知和触觉感知等关键因素。为了给操作者真实的抓握感觉，他们将实际工作中会用到的手持工具和六自由度线绳力觉交互设备结合起来，既满足了力觉的真实性，又满足了触觉的真实性。设计者还对抓握的工具进行了真实虚拟混合设计，改进了真实工具对虚拟影像的干涉。灰泥喷涂实验证明了工作台的有效性。

在这些实现了协同定位的多感知融合虚拟现实系统中，用户能利用双手或者借助工具直接对虚拟物体进行抓取、移动等操作，如同操作现实世界中的实际物体一样有极强的真实感。但这些系统都是基于工作台的，操作空间比较小，沉浸性比较差。

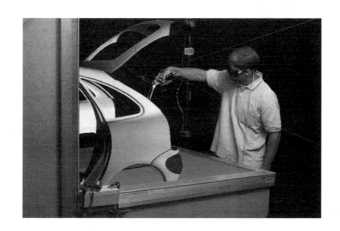

图 1.11 线绳式力觉交互工作平台

综上所述，目前对多感知虚拟现实系统的研究主要有这样几个问题：沉浸式的多感知系统都是将视觉信息和力觉信息分别显示，不能实现两者的协同定位；而能够实现协同定位的多感知系统操作范围通常又比较小，沉浸性较差；由于机械机构问题，适用于沉浸性虚拟现实系统的力觉交互系统不多；双指或多指力觉交互方式以手套式力觉交互设备的应用为主，但是它们有的只能表现自基准的抓握力，有的虽然能表现重力等外部力，但是也都是施加在手腕或手背等部位，不能准确表现本该是在指端位置出现的力。沉浸式虚拟现实系统的研究必须解决这些问题。

1.3 虚实融合的双指力觉交互技术

1.3.1 虚实融合的双指力觉交互技术的目标

本书阐述一个沉浸式虚拟现实系统，该系统为用户提供立体视觉感知与双指力觉感知，可以为诸如机械设备的虚拟设计与拆装、模拟训练、娱乐游戏、数据可视化等应用提供交互平台。虚拟世界与现实世界在空间上实现统一，视觉空间和力觉空间也精确融合。系统以"人"为中心，以用户与虚拟世界的直接自然交互为目标，从而使系统具有更强的真实感、交互性以及沉浸感。

1.3.2 虚实融合的双指力觉交互技术的主要内容

本书研究的主要内容有以下几个方面。

1. 立体图像生成及感知

本书采用视差式立体显示技术生成沉浸式虚拟环境。要生成逼真的虚拟环境，首先必须搞清楚立体图像的生成及感知原理，包括人的视觉生理机理以及计算机图形学相关原理，之后分析研究不同投影算法对立体图像生成的影响，用户眼距、观察习惯等对立体感知的影响，理论推导出虚拟物体的成像位置，即在空间中被用户感知的理论位置与系统各参数的关系。

2. 用户视点的实时跟踪技术

根据视差式立体显示的原理，用户双眼位置和对应于左右眼的图像对的位置，决定了虚拟物体被感知的位置。反过来说，知道了用户双眼的位置，改变图像对的位置就可以设定虚拟物体的空间位置，所以，虚拟世界的生成离不开对用户视点的跟踪。本书选用六自由度电磁方位跟踪系统对用户头部方位进行实时检测，从而间接得知用户眼睛的空间位置。得到的位置数据用于虚拟世界中虚拟照相机位置的设定。

3. 虚拟物体在真实空间中的精确定位

为了实现虚拟世界与现实世界在空间上的统一，保证虚拟物体有着与真实物体相同的视觉特性，必须实现虚拟物体在真实空间中的精确定位。首先，用户看到的虚拟物体所在位置应该与场景设定的位置一致，其次无论观察者如何移动，静止的虚拟物体在空间中的被感知位置应该不变。影响虚拟物体在真实空间精确定位的原因需全面分析，包括计算机透视投影算法、视点跟踪误差、投影幕与虚拟投影面位置偏差等。其中视点跟踪误差又包含几个可能原因：电磁跟踪器跟踪误差、眼距测量误差、眼睛与跟踪器相对位置误差。由软件造成的误差，应该通过程序算法改进来消除。硬件方面的误差应该尽量修正，需要在各种不同视差、不同视点的情况下，进行多组的实验，分析原因，并进行相应的补偿。

4. 大操作空间力觉交互系统的实现

沉浸式虚拟现实系统对应用于其中的力觉交互设备有着特殊的要求，所以需要对各种力觉交互方式进行比较。由于线绳式力觉交互系统具有惯量小、操作空间大、构造简单、不阻碍视线等优点，本书选定了该实现方式。为了优化性能，对线绳式力觉交互系统的工作原理、机械结构、控制系统以及操作末端空间位置的计算、各线绳张力的分配算法和操作空间等进行了研究。

5. 影响力觉交互系统最大表现阻抗的因素及改进方法

力觉交互系统能表现的最大阻抗是衡量力觉交互系统性能的一项重要指标。对于阻抗式力觉交互系统，当虚拟物体刚度大于某一值时，交互过程就会变得不稳定，出现振动。本书分析了力觉交互系统的数学模型，研究了系统各部分对最大表现刚度的影响。首先，由于位置检测的间接性，设备的弹性会对力觉交互系统末端位置检测造成影响，特别是当表现大刚度物体时，力的突然变化引起位置检测误差的变化，会使系统出现持续大范围振动。对这个问题，本书提出了增大线绳拉力来改善系统机械结构刚度的方法。根据无源性理论指出了采样系统造成的振动，只能通过减小输入能量和加快能量耗散的方式改进。用户本身并不是造成振动的原因，但也可以对问题的改进有所帮助，通过训练等手段可以部分改善交互时发生的振动。

6. 双指力觉交互的实现

为了扩展用户与虚拟世界中物体的交互方式，本书研究并实现了双指力觉交互，用户不仅能触摸到虚拟物体，而且能对其进行抓持、移动、翻转等操作，极大扩展了应用范围，提高了交互的自然性。另外，由于两根手指上的力觉感知是通过两个相对独立的三自由度力觉交互系统分别实现的，因此既能表现抓握物体时手指上应感受到的夹持力，又能表现重力、碰撞力等作用下手指所受到的空间力，力感真实可信。

7. 视觉与力觉空间的融合

为了实现对虚拟物体的逼真的直接操作，做到"所触即所见"，必须保证视觉和力觉空间的精确融合。研究了沉浸式虚拟现实系统中所涉及的坐标系，对发生变形和位置计量不准确的坐标系进行了校正。然后通过坐标转换，将视点坐标系和力觉空间坐标系都统一到以投影幕中心为原点的投影系统坐标系中。融合后的系统应该能保证操作者对虚拟物体的直接交互的实现，基本消除视觉和力觉感知冲突，为评价融合效果设计了操作实验。

参 考 文 献

[1] SHERMAN W R, CRAIG A B. 虚拟现实系统：接口、应用与设计 [M]. 魏迎梅，杨冰，等译. 北京：电子工业出版社，2004.

[2] 张姗姗，李孝鹏. 基于路径依赖效应的人机交互系统绩效分析方法 [J]. 质量与可靠性，2024 (01)：27-32.

[3] INGLESE F X, LUCIDARME P, RICHARD P, et al. Previse – a human – scale virtual environment with haptic feedback [C]//International Conference on Informatics in Control, Automation and Robotics. SCITEPRESS, 2005, 2：140-145.

[4] YAMADA T, TSUBOUCHI D, OGI T, et al. Desk – sized immersive workplace using force feedback grid interface [C]//Proceedings IEEE Virtual Reality 2002. IEEE, 2002：135-142.

[5] 阳雨妍. 基于视触融合的空间遥操作系统虚拟环境建模研究 [D]. 南京：东南大学，2022.

[6] 赵蓝宇. 虚拟交互中物体形状信息提取方法研究 [D]. 哈尔滨：哈尔滨工业大学，2022.

[7] 王泽程. 基于 Unity3D 的特种车辆虚拟驾驶系统的设计与研究 [D]. 郑州：中原工学院，2022.

[8] BERG L P, VANCE J M. Industry use of virtual reality in product design and manufacturing：a survey [J]. Virtual reality, 2017, 21：1-17.

[9] 朱铁樱. 基于虚拟现实的舰船电子沙盘交互系统 [J]. 舰船科学技术，2023, 45 (09)：164-167.

[10] 曹世洲. 虚拟学习环境建模与人机交互技术研究 [D]. 重庆：重庆邮电大学，2022.

[11] BREDERSON J D, IKITS M, JOHNSON C R, et al. The visual haptic workbench [C]//Proceedings of the Fifth PHANToM Users Group Workshop. 2000.

[12] 刘思远. 基于虚拟现实的手部主从控制系统的设计与研究 [D]. 哈尔滨：哈尔滨理工大学，2023.

[13] RICHARD P, CHAMARET D, INGLESE F X, et al. Human – scale virtual environment for product design：Effect of sensory substitution [J]. International Journal of Virtual Reality, 2006, 5 (2)：37-44.

[14] SAVALL J, BORRO D, GIL J J, et al. Description of a haptic system for virtual maintainability in aeronautics [C]//IEEE/RSJ international conference on intelligent robots and systems. IEEE, 2002, 3：2887-2892.

[15] 朱姝. 虚拟现实艺术在计算机实时交互系统下的创新展演呈现 [J]. 丝网印刷，2023 (13)：99-101.

[16] DORJGOTOV E, CHOI S, DUNLOP S R, et al. Portable haptic display for large immersive virtual environments [C]//2006 14th Symposium on Haptic Interfaces for Virtual Environment and Teleoperator Systems. IEEE, 2006：321-327.

[17] BREDERSON J D, IKITS M, JOHNSON C R, et al. The visual haptic workbench [C]//Pro-

ceedings of the Fifth PHANToM Users Group Workshop. 2000.

[18] 张瑞玲. 虚拟演播室实时渲染方法研究 [D]. 哈尔滨：哈尔滨工程大学，2019.

[19] LUNGU A J, SWINKELS W, CLAESEN L, et al. A review on the applications of virtual reality, augmented reality and mixed reality in surgical simulation：an extension to different kinds of surgery [J]. Expert review of medical devices, 2021, 18 (1)：47 – 62.

[20] 赵海伦，郭俊晨，刘阳，等. 智慧医疗技术在生命末期病人生存期评估中应用的研究进展 [J]. 护理研究，2024，38 (07)：1233 – 1236.

[21] 韩国权，黄海峰，周伟. 电子信息行业制造过程中的工业软件应用创新发展趋势研究 [J]. 中国设备工程，2024 (04)：248 – 250.

[22] 任洋甫，李志强，张松海. 沉浸式环境中多场景视觉提示信息可视化方法综述 [J]. 中国图像图形学报，2024，29 (01)：1 – 21.

[23] 李雨灿，胡慧，邓蓓，等. 基于虚拟现实技术的筛查工具在轻度认知障碍老年人中的应用研究进展 [J]. 护理研究，2023，37 (19)：3477 – 3480.

[24] 孙水发，汤永恒，王奔，等. 动态场景的三维重建研究综述 [J]. 计算机科学与探索，2024，18 (04)：831 – 860.

[25] 赵沁平，周忠，梁晓辉，等. 虚实融合网络空间安全综述 [J]. 中国科学：信息科学，2024，54 (04)：817 – 852.

[26] 高锐. VR 影像信息可视化与空间叙事融合方式探析 [J]. 现代电影技术，2023，(09)：46 – 50.

[27] 闫金丽. 虚拟现实艺术作品的创作与表现技巧研究 [J]. 艺术品鉴，2023 (23)：119 – 122.

[28] LEE G, KIM G, LEE J, et al. Perception graph for representing visuospatial behavior in virtual environments：A case study forDaejeon City [J]. Advanced Engineering Informatics, 2024, 62：102594.

[29] JEBRI S, AMOR A B, ZIDI S. A seamless authentication for intra and inter metaverse platforms using blockchain [J]. Computer Networks, 2024, 247：110460.

第 2 章　沉浸性虚拟环境的生成

虚拟现实系统旨在为操作者提供高沉浸性和交互性的虚拟环境，要尽量保证虚拟环境和其中的物体与真实环境和物体相似。这个相似性不应该只体现在物体的颜色、大小、纹理和光照效果等，更重要的是虚拟物体的空间特性应该与实际物体一致。例如，体验者从不同位置观察同一个虚拟物体时，其绝对位置不能发生变化；体验者的移动也不能导致虚拟物体间相对位置的改变。

在本章中，首先介绍了视差式立体显示技术，分析了成像对的多种生成方法。然后根据 OpenGL 图形学原理，利用虚拟投影面和实际存在的投影屏幕的同一化、虚拟投影点和实际视点的同一化，实现虚空间和实空间的重合。

2.1　立体场景的生成

2.1.1　立体感知原理

人们在日常生活中看到的物体总是三维的，而且人们通常需要知道自己所关注对象的距离，例如，所见的山峰离我们有多远，要取的茶杯是否在手边等。获得这些问题的答案就需要空间深度感觉。人的大脑之所以能产生深度感，是由于综合了以下 4 种基本类型的深度线索而得。

1. 静态深度线索

这是指能在静态图像（如图片）中获得的深度线索。它们来自物体的相互位置、物体的清晰程度、物体的相对大小、物体的细节情况等。这些都能使观察者观察静止的二维图像时，产生三维的深度感。

2. 运动深度线索

运动深度线索指的是人们可以从运动的物体中判断出物体的深度感，譬如一辆运行的火车由小变大，人们可以感到物体距离自己越来越近，从而产生深度感。

3. 生理深度线索

上述的静态和动态深度线索对人类所产生的深度感只需要使用一只眼睛就可以得到，但是习惯上人们都是用两只眼睛来观察事物的，这种观察方法为人类提供了另外的重要深度线索，特别是对近距离的观察。生理深度线索来自眼球的运动有关的两个方面。

（1）汇聚。为了看清邻近的物体，两只眼球必须转动。例如，当被观察物体与观察者的距离小于 5cm 时，眼球就必须向内转动；反之，看远处的物体时，眼球间汇聚角趋于 0°，即两眼向前直视。大脑监视双眼汇聚程度，随即产生深度感。

（2）调节。当人眼聚焦于远处物体时，眼球周围肌肉放松，使人眼水晶体透镜变得扁平一些；反之，观看较近的物体时，上述的眼肌要收紧，以使水晶体透镜曲率变大。大脑监视此种水晶体周围肌肉的调节程度，并以此产生深度感。

4. 双目视差线索

人们用双眼看物体，每只眼睛看到的范围是不一样的。对处于双眼视野范围重叠区域的物体，由于人的左右眼空间位置的不同，观察视角的不同，看到的图像也是不一样的。人的视觉神经会将这种视差用作判断物体深度的信息。这种现象被称为双目视差或立体视差。事实证明，虽然产生立体视觉的因素有多种，但是起主要作用的是双目视差，因此，虚拟现实系统主要采用双目视差来产生立体深度感，实现其沉浸感。

2.1.2　视差式立体显示技术

一般将双目所见的一对具有视差的二维图像称为立体图像对。若利用计算机模拟产生这一对平面图像，并采取技术措施，使左眼只能看见右边的图像，而右眼只能看见左边的图像，则人类的视觉系统就会融合这一对图像，产生立体感知。视差可分为垂直视差和水平视差两种。垂直视差指的是两幅图像上对应点之间的垂直距离。垂直视差在现实生活中不常遇到，而且多数学者认为场景中的垂直视差使左眼和右眼视图的融合很困难并引起参与者的不舒服，因此在实现立体显示时，应尽量避免垂直视差的产生，立体感知都是靠水平视差产生。水平视差是图像对应点的水平坐标差，有四种基本的类型：零视差、正视差、负视差和发散视差，如图 2.1 所示。

（1）零视差。此时两幅图像上的对应点重合在一起，观察的时候就会发现该点位于投影平面上，如图 2.1 中 Z 所示。

（2）正视差。当图像对应点之间的距离小于或等于眼距，而且我们的视线不交叉时，称为正视差，如图 2.1 中 P 所示。观察具有正视差的图像就如同观察到了位于投影平面后方的物体一样。

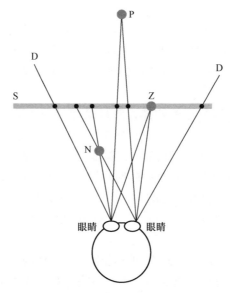

图 2.1　视差类型示意图

S—投影平面　N—负视差　Z—零视差　P—正视差　D—发散视差

（3）负视差。当图像对应点造成眼睛的视线交叉时，就称对应点具有负视差，如图 2.1 中 N 所示。这种情形下，可以观察到处于眼睛和投影平面之间的物体。正是图像对中不同视差的存在，才使观察者感知到具有立体感的虚拟物体。

（4）发散视差。发散视差是图像对应点之间水平距离大于两眼的间距，如图 2.1 中 D 所示。需要特别注意，现实世界中是不会出现发散视差的，在计算机立体显示中也一定要避免这种情形的出现，因为这会使眼睛产生极不舒服的感觉，即使出现的时间很短。

1. 立体图像对的生成

立体图像对的生成指的是针对同一物体或者场景分别绘制出用于左右眼独立观察的带有视差的图像。它们保存了物体的立体深度信息，并能通过不同观看技术呈现。对于真实场景，立体图像对的生成有两种方式，双机拍摄和软件处理法。双机拍摄是同时将两台照相机或摄像机并排放置，并且它们之间的距离和角度都模仿人的双眼生理指数，以此获得关于真实物体的具有视差的立体图像对。而软件处理法是利用计算机将一幅平面图像经过合理变换获得两幅不同图像，用于将现有的平面图片或电影转换为立体式。但由于平面图像本身不能携带很多的空间深度信息，转换的实际效果不是很好。

在虚拟现实领域，主要利用双中心投影法获取虚拟场景的立体图像对。模拟双机拍摄过程，为到视平面的透视投影选择两个投影中心，分别得到两幅平面图像。双中心投影法可以采用不同的双目成像模型，包括平行双目成像模型和汇聚双目成像模型等，得到的立体图像对也不尽相同。

2. 立体图像对的显示与观看

立体图像对生成后，后面的问题是我们如何将其显示出来供用户观看，为了获得立体感知，需要保证左右眼只看到相应的图像。现在主要有四种技术可以实现立体图像对的显示与观看，分别是分色技术、分光技术、分时技术和光栅技术，其中前三种技术都需要用户佩戴相应的立体眼镜，如图 2.2 所示。

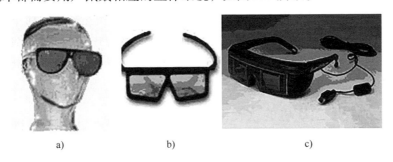

图 2.2　三种不同原理的立体眼镜
a）红蓝眼镜　b）偏振眼镜　c）液晶快门眼镜

（1）分色技术。分色技术的基本原理是让用户左眼只能看到某种颜色（比如红色）的图像，右眼只能看到另一种颜色的图像（比如蓝绿色）。左右眼图像采用不同颜色同时显示在屏幕上，观众佩戴红绿或红蓝眼镜来观看图像，从而实现左右眼只看到相应图像进而通过大脑融合获得立体感知的目的。彩色眼镜的滤光镜大大降低了颜色的对比度，用户只能看到黑白效果的场景，这是分色技术的最大问题，也造成了其应用范围的受限。

（2）分光技术。分光技术是利用偏振光现象来实现立体显示。用偏光滤镜或偏光片使得左右图像对反射的光线都只有特定角度偏振光能透过，观众佩戴的眼镜左右镜片也只能让相应角度的偏振光透过，这样就可以让左右眼分别看到相应的图像。常见的应用中左眼图像和镜片只能透过 0° 偏振光，右眼图像和镜片透过 90° 偏振光。分光技术原理简单，应用广泛，是电影院线主要采用的立体电影观看技术。

（3）分时技术。分时技术也称为主动立体显示技术。此技术将左右眼图像交替显示在屏幕上，同时发送一个同步信号控制观众所佩戴的液晶快门眼镜，使左右镜片的开关状态和显示器的画面的切换保持同步。在某一时刻屏幕上显示左眼图像，此时液晶眼镜左镜片打开且右镜片关闭，左眼看到图像而右眼不能看到。下一时刻显示右眼图像，此时右镜片打开且左镜片关闭，保证只有右眼看到图像。这样屏幕以极快的速度切换显示左右眼图像，观众在视觉暂留特性的帮助下可以看到连续的图像。目前分时技术在屏幕上的显示格式有四种：交错式（Interlacing）、画面交换（Page Flipping）、同步倍频（Sync Doubling）和线遮蔽（Line Blanking）。分时技术能够较好地分离左右眼对应的图像，但是眼镜较为笨重、易碎，并且必须保持图像与快门的同步，实现较为困难。同时快门效应会引起一些用户的头晕。

（4）光栅技术。光栅技术将屏幕划分成一条条垂直方向上的栅条，栅条交错显示左眼和右眼的画面，如1、3、5栅条显示左眼画面，2、4、6栅条显示右眼画面。然后在屏幕和观众之间设置一层随观众位置改变而做相应改变的视差障碍，它也是由垂直方向上的栅条组成的，其作用是阻挡视线，使左眼只看到左眼的栅条，右眼只看到右眼的栅条，从而实现了左右眼只看到相应的图像。应用此技术观众不需要佩戴立体眼镜，但是要在头上佩戴定位设备，同时观众必须在特定的范围内才能正常观看。

2.1.3　生成沉浸式环境的软硬件系统

本书采用投影式立体显示系统生成沉浸式虚拟环境。根据投影幕的数量和形状，投影式立体显示系统可分为三类：平面单幕式、弧幕式和洞穴（CAVE）式。

洞穴式自动虚拟环境是一种基于多通道视景同步技术、三维空间整形校正算法、立体显示技术的房间式可视协同环境，该虚拟环境可提供一个同房间大小的四面（或六面）立方体投影显示空间，供多人参与，所有参与者均完全沉浸在一个被三维虚拟物体包围的环境中，借助相应的输入输出设备（如数据手套、方位跟踪器等），能够获得全方位的交互感受，如图2.3所示。由于投影面能够覆盖用户

图2.3　洞穴式自动虚拟环境

的绝大部分视野，所以该虚拟环境能提供给使用者一种前所未有的带有震撼性的身临其境的沉浸感。但是这种虚拟环境的造价昂贵，使其使用范围局限在大型的研究所和学术单位。

基于弧幕的立体显示系统可以为体验者提供 120°到 240°不等的视野角，可用于一些大型的虚拟仿真应用，比如虚拟战场仿真、数字城市规划和三维地理信息系统等。它通常是多通道的，整个图像区由多个同步运算的投影显示画面无缝拼接而成。对一个完善的多通道虚拟三维投影显示系统而言，其必须具备数字图像边缘融合与无缝拼接技术、通道间的色彩与亮度平衡技术、数字几何矫正（即非线性失真矫正）技术和多通道视景同步控制技术等的支撑。所以多通道投影式弧幕立体显示系统通常技术要求高并且造价昂贵。

平面单幕式立体显示系统同样可以展现出具有沉浸感的立体场景，它通常以一台图形工作站为实时驱动平台，以两台叠加的专业 LCD 或 DLP 投影机，或者一台分时的投影机作为投影主体，显示高分辨率的立体投影影像。与前面两类系统相比，平面单幕式立体显示系统成本低，构造简单，所需空间小，但也能为用户提供超过 100°的视场角，基本覆盖了人类视野，有着良好的沉浸感。而且其应用的视点跟踪技术、真实感立体场景生成技术完全可以移植到多幕系统和弧幕系统，也能为窗口式虚拟现实系统提供借鉴。因此基于平面单幕式立体显示系统的研究具有重大的理论和现实意义。

本书主要基于平面单幕式立体显示系统生成沉浸式虚拟场景，主要由主机系统、投影系统和视点位置跟踪系统三部分组成，如图 2.4 所示。

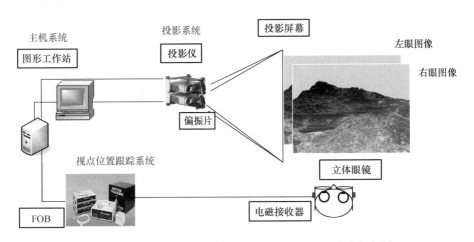

图 2.4　基于平面单幕式立体显示系统生成的沉浸式虚拟场景

（1）主机系统。主机系统利用相应的应用软件，完成虚拟物体的建模、图像对生成、场景的渲染等任务，并负责与外接硬件通信，实现用户与虚拟环境的多种交互。

（2）投影系统。包括两台安装有偏振片的投影仪和高增益金属屏幕等，其作用是将主机系统生成的图像对投影到屏幕上，并保证用户左眼看左眼图像右眼看到右眼图像，实现对虚拟场景立体感知。宽3m、高2m的投影幕，为用户提供了足够的视场角，保证了系统的沉浸性。

（3）视点位置跟踪系统。应用鸟群电磁跟踪器（FOB）检测用户的视点方位，并将其传送给主机系统用于实时更新场景图像。电磁跟踪器将在第5章中详细介绍。

2.2　真实感立体图像对的生成算法

为了观察到有真实感的立体虚拟场景，需要生成针对左右眼的图像对。为了获得这一图像对，在虚拟场景中设置两台虚拟的照相机，获取的图像分别作为左右眼的观察图像，称为双中心投影，如图 2.5 所示。

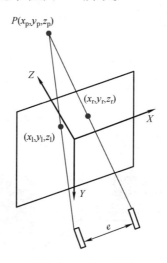

图 2.5　双中心投影

左右视点均位于 X 轴上，两视点间的间隔为 e，两视点连线中心为坐标原点，则左视点的坐标为（$-e/2,0,0$），右视点的坐标为（$e/2,0,0$）。投影平面平行于 XY 平面，到左右视点的间隔均为 d。三维空间中一点 $P(x_p,y_p,z_p)$ 在左视点投影中的坐标为(x_l,y_l,z_l)，在右视点投影中的坐标为(x_r,y_r,z_r)，则 $z_l=z_r=d$。点 $P(x_p,$

y_p, z_p）和右视点投影线的参数方程为

$$x = x_p + k\left(\frac{e}{2} - x_p\right) \tag{2.1}$$

$$y = y_p + k(0 - y_p) \tag{2.2}$$

$$z = z_p + k(0 - z_p) \tag{2.3}$$

式中，k 为比例系数。

在投影面上，有 $z = d$，代入式（2.3）可得

$$k = \frac{z_p - d}{z_p} \tag{2.4}$$

代入式（2.1）、（2.2）求出点 P 在投影平面的坐标 (x_r, y_r) 为

$$\begin{cases} x_r = \dfrac{\left(x_p - \dfrac{e}{2}\right)d}{z_p} + \dfrac{e}{2} \\ \\ y_r = \dfrac{y_p d}{z_p} \end{cases} \tag{2.5}$$

同理，左投影线与投影面交点坐标 (x_1, y_1) 为

$$\begin{cases} x_1 = \dfrac{\left(x_p + \dfrac{e}{2}\right)d}{z_p} - \dfrac{e}{2} \\ \\ y_1 = \dfrac{y_p d}{z_p} \end{cases} \tag{2.6}$$

此时的水平视差 E 为

$$E = x_r - x_1 = e - \frac{ed}{z_p} \tag{2.7}$$

考虑视差值可知，当 $z_p > d$ 时，$0 < E < e$，即正视差；当 $z_p < d$ 时，$E < 0$，即负视差；$z_p = d$ 时为零视差。双中心投影不会出现发散视差。

计算机图形学中投影变换是基于视点坐标系的，投影平面垂直于视点坐标系 Z 轴，投影后求得的物体平面坐标以 Y 对 Z、X 对 $-X$ 的形式对应到投影平面坐标系，如图 2.6 所示。而由于沉浸式虚拟现实系统中用户可以在一定空间内移动，视线也可以有一定的转动，因此两个视点并不总是关于屏幕对称。如果仍然以普通的透视投影算法进行投影会造成原本不该出现在场景中的物体出现在场景中，如物体 O_2，应该出现的却可能没有，如 O_1。因此本书中采用非对称平头体法解决这一问题。首先将投影面宽度增加 $2D$（假设屏幕宽度为 B，则新投影面宽度为 $B + 2D$），进行正常投影运算；其次将投影面内横坐标值小于 $B - D$ 的图像去除，也就

是平头体的不对称处理；再次将所有图像的横坐标减去 D，以消除视点坐标与屏幕坐标平移影响；最后对应到投影平面坐标系（Y 对 Z，X 对 $-X$）。对两个视点进行同样处理，即可获得准确的立体图像对。

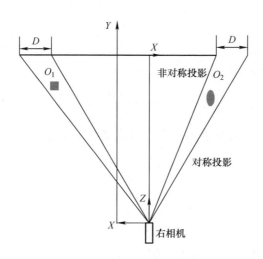

图 2.6　非对称平头体投影

2.3　真实感明暗处理及纹理映射

明暗变化有助于表现虚拟环境中各物体之间的空间位置关系，增加观察者对物体的深度感知，因此可以使得计算机生成的图像更有真实感。虚拟环境的创建是基于几何模型的，物体表面由许多个三角形面片构成，明暗处理算法其实也就是采用何种方式填充三角形。明暗处理算法也叫作阴影算法，最简单的明暗处理算法是常量明暗处理，它采用一种明暗度对三角形进行填充。这种方法运算速度快，但显示效果差，只能用于预览等不重视细节的情况下。另一种常用的明暗处理算法是 Gourand 法，它的基本思路是在三角形顶点处准确计算明暗度，而对于三角形内部各点则根据顶点明暗度进行线形插值。图 2.7 为 Gourand 明暗处理算法示意图。三个顶点处的光强分别为 I_a、I_b、I_c，则在三角形内一点 S 处光强为

$$I_s = \frac{I_L(x_R - x_s) + I_R(x_s - x_L)}{x_R - x_L} \qquad (2.8)$$

式中

$$x_L = \frac{x_a(y_s - y_c) + x_c(y_a - y_s)}{y_a - y_c} \qquad (2.9)$$

$$x_R = \frac{x_a(y_s - y_b) + x_b(y_a - y_s)}{y_a - y_b} \tag{2.10}$$

$$I_L = I_a + \frac{(I_c - I_a)(y_s - y_a)}{y_c - y_a} \tag{2.11}$$

$$I_R = I_a + \frac{(I_b - I_a)(y_s - y_a)}{y_b - y_a} \tag{2.12}$$

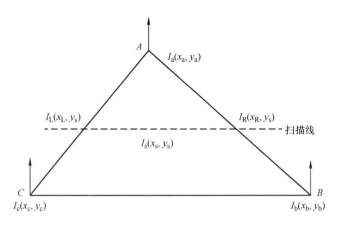

图 2.7　Gourand 明暗处理算法示意图

　　Gourand 明暗处理算法的计算量相对较小，实现不是很困难，但是对动态物体表面的阴影表现较差。

　　本章的研究中应用了改进了的插值算法，通过使用平面法向量插值替代光强插值，叫作 Phong 法。在图 2.8 中，$\triangle ABC$ 有三个平均法向量 n_a、n_b、n_c。如果对他们进行线形插值，就能够得到与表面相关的任何像素处的平面法向量。对某一扫描线 y_s 处，可以得出两条法向量，左侧为 n_L，右侧为 n_R。因此对任意像素 $n_s(x_s, y_s)$ 可以通过插值得出法向量。计算公式如下：

$$n_L = \frac{n_a(y_s - y_c) + n_c(y_a - y_s)}{y_a - y_c} \tag{2.13}$$

$$n_R = \frac{n_a(y_s - y_b) + n_b(y_a - y_s)}{y_a - y_b} \tag{2.14}$$

$$n_s = \frac{n_L(x_R - x_s) + n_R(x_s - x_L)}{x_R - x_L} \tag{2.15}$$

　　Phong 算法可以用于镜面光照计算，产生与高光部分相关的有光滑明暗变化表面的物体。借助于高速图形处理器，此算法可以生成高质量的物体阴影效果。

　　纹理是物体表面的细节，世界上绝大多数物体的表面都有纹理。纹理可以改变

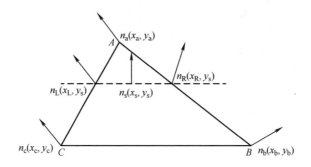

图 2.8 Phong 算法示意图

物体外观，甚至微观角度的形状。纹理分为两种：颜色纹理和几何纹理。前者的例子包括花瓶上的图案、墙纸等，而橘子的褶皱表皮和动物皮肤属于第二种。纹理映射是将纹理图像贴在简单物体的几何表面，以逼真描述物体表面纹理细节，增强物体的真实感。

研究中采用 JPG 格式图片作为纹理。图片本身构成一个二维的坐标空间，无论大小如何，其左上角点总是（0，0），右下角点总是（1，1）。把纹理映射于物体时需要为每个顶点制定一组纹理坐标，表明该顶点在贴图中的位置，即建立物体坐标与纹理坐标（u, v）的对应关系。以球面为例，可以建立物体空间坐标与纹理坐标的关系如下：

$$\begin{cases} x = \cos(2u\pi)\cos(2v\pi) \\ y = \sin(2u\pi)\cos(2v\pi) \\ z = \sin(2v\pi) \end{cases} \quad (2.16)$$

求解可得

$$(u, v) = \begin{cases} (0, 0) \cdots (x, y) = (0, 0) \\ \left(\dfrac{1 - \sqrt{1 - (x^2 + y^2)}}{x^2 + y^2} x, \dfrac{1 - \sqrt{1 - (x^2 + y^2)}}{x^2 + y^2} y \right) \cdots 其他情况 \end{cases} \quad (2.17)$$

2.4 虚实统一

为了保证虚拟现实系统的沉浸性，必须实现虚拟空间与实际空间的统一。例如高度为 1m 的虚拟物体被用户感知的实际高度应该也是 1m，距离为 1m 的两个虚拟物体用户看起来也必须是距离 1m 远。实现这一点需要深入研究虚拟物体的成像过程。

一个三维物体最终以二维图形在屏幕上显示出来，计算机内部都要经历以下这些步骤（见图 2.9）：三维几何变换、投影、三维裁剪和视口变换。其中三维几何变换主要包括视点变换和模型变换，变换完成后形成模型视点矩阵，并将其应用于物体坐标。然后应用投影矩阵，以获得裁剪坐标，这种变换定义了一个视景体，视景体以外的物体将被裁剪掉，这样在最后的场景中不绘制它们。最后，视口变换将经过变换后的坐标转换为窗口坐标，可以操纵视口的大小，以放大、缩小或拉伸图像。

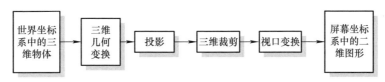

图 2.9　计算机中三维物体到二维图形的变换过程

投影屏幕在虚实统一时起着关键作用。要实现虚实统一，首先要保证虚拟投影面与真实投影面重合。这一点实现相对容易，以直尺测量投影仪投影区的大小（注意，不是投影屏幕大小），根据实测数据设定虚拟投影变换时投影面的大小。第二要实时跟踪用户双眼位置，并设定虚拟照相机位置与双眼位置重合。

在此，需要特别关注的是视口变换，经过视口变换之后的图像坐标与窗口坐标是成比例的。研究采用投影屏幕作为图形显示窗口，为了实现虚拟空间与真实空间的尺度统一，要实现图形坐标与窗口坐标的比例为 1∶1。这时虚拟物体在投影平面上的图形大小与真实投影屏幕上的大小相等，用户经过立体观察后看到的物体就与虚拟物体大小相等；虚拟图像对的距离也等于投影幕上面成像的距离，也保证了深度信息的真实呈现。图 2.10 展示了视口变换对立体感知的影响。

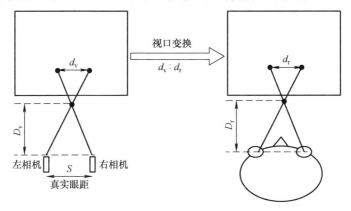

图 2.10　视口变换对立体感知的影响

虚拟照相机与投影平面距离等于眼睛距屏幕距离，两台虚拟照相机之间的距离等于真实眼距 S，则有下面的关系式：

$$D_r = D_v \times \frac{S + d_v}{S + d_r} \tag{2.18}$$

从式（2.18）可知，如果要准确感知虚拟物体深度，即 D_r 等于 D_v，除了要设定虚拟照相机之间的距离等于用户真实眼距外，还要调节视口变换比例，使得 d_r 等于 d_v。

实际屏幕上的投影区大小是确定的，视口的变换比例要通过实验来确定。在虚拟场景中定义 4 个小圆锥，圆锥的顶点在投影坐标系内的位置分别为（0.1，0，0）、（-0.1，0，0）、（0，0，0.1）和（0.1，0，-0.1）。屏幕坐标系如图 2.11 所示，图中两个矩形区域分别为屏幕实际大小和投影区大小。

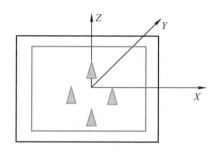

图 2.11　屏幕坐标系

因为锥体顶点具有零视差，左右图像对应该是重合的。调整视口变换比例，同时用直尺测量锥体顶点距离屏幕中心的距离，直到距离同为 0.1m。此时的视口变换比例刚好可以实现虚拟空间和真实空间的尺度统一。

2.5　多屏幕融合

2.5.1　多屏幕融合的意义与挑战

多屏幕融合技术作为投影式虚拟现实系统的重要发展方向，能够有效解决单一屏幕在显示效果和沉浸感方面的诸多不足。

在沉浸式虚拟现实系统中，投影屏幕几乎覆盖了用户的所有视野，使用户仿佛置身于虚拟世界之中。若采用单一投影屏幕，则投影图像的尺寸和分辨率会受到投影屏幕物理尺寸的限制，难以实现大场景、高分辨率的显示效果。多屏幕融合技术通过将多块投影屏幕拼接在一起，能够有效克服单一屏幕的局限性，为用户提供更广阔的视野、更高的分辨率和更强的沉浸感。

然而，多屏幕融合技术在实现过程中也面临着许多挑战。多块投影屏幕在物理空间中的拼接必然会产生拼接缝隙，影响视觉的连续性。同时，不同投影屏幕之间的亮度和色彩也可能存在差异，导致画面不均匀。此外，由于投影幕的形状、安装位置和投影方式等因素，投影图像可能会出现几何畸变，影响视觉效果。为了实现多屏幕的无缝融合，需要解决图像拼接、边缘融合、色彩均衡、几何校正和多通道视景同步等关键技术难题。

1. 增强沉浸感

沉浸式虚拟现实系统旨在为用户提供高度逼真、身临其境的体验。然而，单一屏幕在提供宽广视野方面存在局限性，限制了用户对虚拟环境的感知范围。多屏幕融合技术通过将多个显示设备拼接在一起，形成一个连续的、大视野的显示区域，有效解决了这一问题。这种扩展的视野能够覆盖用户的周边视觉，使用户感觉仿佛置身于虚拟世界之中，显著增强了沉浸感。

多屏幕融合不仅扩展了视野，还提升了虚拟环境的逼真度。通过在多个屏幕上显示不同角度的场景画面，可以模拟人眼在现实世界中的视觉体验。这种多视角的呈现方式能够提供更丰富的视觉信息，使用户对虚拟环境的感知更加真实、立体。例如，在虚拟驾驶场景中，多屏幕融合可以模拟汽车前后左右的视野，让用户感受到更真实的驾驶体验。

2. 解决单屏幕局限

单屏幕显示系统在分辨率和视野方面存在固有的局限性。受限于屏幕尺寸和像素密度，单屏幕难以呈现高分辨率、大视野的虚拟场景，这会导致图像细节丢失、视野狭窄等问题，影响用户体验。多屏幕融合技术通过将多个屏幕拼接，可以显著提高系统的整体分辨率和视野范围。

多屏幕融合可以实现超高分辨率显示，呈现更多细节和更清晰的图像，这对于需要精细视觉效果的应用场景，如医学影像分析、科学可视化等，具有重要意义。同时，多屏幕融合还可以实现更宽广的视野，使用户能够观察到更全面的场景信息，这对于需要大视野的应用场景，如飞行模拟、虚拟旅游等，具有重要价值。沉浸式虚拟现实系统多屏幕融合示意图如图 2.12 所示。

3. 技术挑战

尽管多屏幕融合技术具有诸多优势，但其在实现过程中也面临着一些技术挑战。首先，图像拼接是多屏幕融合的核心问题，如何将多个屏幕上的图像无缝拼接，消除拼接痕迹，是保证视觉连续性和沉浸感的重要前提；其次，边缘融合是另一个关键问题。由于不同屏幕之间的亮度和色彩存在差异，需要通过边缘融合技术

图 2.12 沉浸式虚拟现实系统多屏幕融合示意图

来调整这些差异，实现平滑过渡，避免视觉上的突兀感。

视角校正也是多屏幕融合中的一个难点。由于用户在不同位置观看屏幕时，视角会发生变化，需要对图像进行相应的校正，以确保用户在不同位置都能看到正确的画面。此外，多通道视景同步控制也是一个挑战。多屏幕融合系统通常需要多个投影通道来显示图像，如何保证这些通道之间的画面同步，避免画面撕裂和卡顿，是影响用户体验的关键因素。

2.5.2 多屏幕融合的实现方法

多屏幕融合的实现方法主要分为硬件融合和软件融合两种。

1. 硬件融合

硬件融合是利用专业的图像融合器或拼接处理器来完成多屏幕融合的过程。图像融合器或拼接处理器是一种专门的硬件设备，其内部集成了图像拼接、边缘融合、色彩校正、几何矫正等多种功能模块。这些模块协同工作，能够实时处理多个视频信号，并将它们无缝拼接成一个完整的画面。

硬件融合的主要优点是处理速度快、效果稳定。由于图像处理过程在硬件层面完成，因此可以实现实时、低延迟的图像融合，满足虚拟现实系统对实时性的要求。此外，由于硬件设备的性能稳定，融合效果也更加可靠。

然而，硬件融合也存在一些缺点。首先是成本高昂，专业的图像融合器或拼接处理器价格昂贵，增加了系统的建设成本；其次是灵活性较差，硬件融合的功能和参数通常是固定的，难以根据不同的应用场景进行灵活调整。

2. 软件融合

软件融合是通过软件算法在计算机上实现多屏幕图像的拼接、融合和校正，软件融合通常基于图形处理单元（GPU）进行加速，以实现实时处理。

软件融合的主要优点是成本低、灵活性高。相较于昂贵的硬件设备，软件融合只需要一台高性能计算机即可实现。此外，软件融合的算法和参数可以灵活调整，以适应不同的屏幕配置和应用场景。

然而，软件融合也存在一些缺点。首先是处理速度和稳定性不如硬件融合，由于图像处理过程在软件层面完成，因此会占用较多的计算资源，可能导致系统延迟增加；其次是算法复杂度高，软件融合需要实现多种图像处理算法，算法的复杂度和优化程度直接影响到融合效果和系统性能。

在实际应用中，硬件融合和软件融合都有各自的适用场景。

（1）硬件融合。由于图像处理过程完全由硬件完成，因此硬件融合在实时性和稳定性方面具有明显优势，它能够实时处理大量数据，实现低延迟的图像融合，确保多屏幕显示的流畅性。此外，硬件融合的性能稳定，不易受到计算机系统资源占用或软件故障的影响，从而保证了系统的可靠性。因此，硬件融合适用于对实时性和稳定性要求较高的场合。例如，在大型虚拟现实场馆中，需要同时处理多个高分辨率视频流，对系统的实时性和稳定性要求极高，硬件融合是更理想的选择。同样，在沉浸式影院中，观众对观影体验的流畅性和稳定性要求很高，硬件融合能够提供更可靠的保障。

（2）软件融合：因为可以通过修改软件参数来调整图像拼接的重叠区域大小、边缘融合的羽化宽度等，从而实现更精细的控制和优化，所以软件融合适用于对成本和灵活性要求较高的场合。例如，在小型虚拟现实系统中，由于屏幕数量较少，对处理能力的要求相对较低，软件融合可以满足需求。在科研实验中，研究人员需要灵活调整融合算法和参数，以探索不同的融合效果，软件融合提供了更大的自由度。

随着计算机硬件性能的不断提升和软件算法的不断优化，软件融合的性能也在不断提高。高性能图形处理单元（GPU）的出现，使得软件融合能够利用 GPU 的并行计算能力，大幅提升图像处理速度。同时，软件算法也在不断优化，例如，通过采用更高效的图像拼接算法、边缘融合算法，可以进一步降低软件融合的延迟和资源占用。因此，在一些对实时性要求不高的应用场景中，软件融合已经能够提供与硬件融合相当的显示效果。例如，在虚拟博物馆、虚拟展厅等应用中，对实时性的要求相对较低，软件融合已经能够提供令人满意的视觉体验。

2.5.3 多屏幕融合的关键技术

多屏幕融合技术是实现沉浸式虚拟现实系统的重要手段，但其涉及多个复杂的技术环节，需要综合运用多种技术手段才能实现理想的效果。

1. 图像拼接与图像融合技术

图像拼接技术是多屏幕融合的基础，其目标是将多块屏幕上的图像内容无缝拼接，形成一个连续的、完整的显示画面。图像拼接首先需要对每块屏幕的显示内容进行精确的几何校准，确保相邻屏幕之间的图像能够准确对齐，这通常需要借助专业的校准工具和算法，例如相机标定、投影矩阵计算等。在几何校准的基础上，还需要对图像进行像素级别的对齐，以消除由于屏幕分辨率、显示比例等因素引起的错位。

图像融合算法是图像拼接的重要内容，它的目标是将相邻屏幕重叠区域的图像信息进行融合，以消除拼接痕迹，实现平滑过渡，常用的图像融合算法有线性融合、加权平均融合和多频带融合三种。

（1）线性融合。线性融合是最简单的图像融合算法。它直接将重叠区域的像素值进行线性加权平均。

假设有两块相邻的屏幕，它们在重叠区域的像素值分别为 $I_a(x,y)$ 和 $I_b(x,y)$，其中 (x,y) 表示像素坐标。线性融合算法将这两个像素值进行加权平均，得到融合后的像素值 $I(x,y)$ 为

$$I(x,y) = (1-w) \times I_a(x,y) + w \times I_b(x,y) \tag{2.19}$$

式中，w 是权重系数，取值范围为 $0 \sim 1$。当 $w=0$ 时，融合结果为 $I_a(x,y)$；当 $w=1$ 时，融合结果为 $I_b(x,y)$。通过调整 w 的值，可以控制两个图像在融合结果中的比例。

（2）加权平均融合。加权平均融合是对线性融合的改进。它可以根据不同屏幕的亮度、对比度等特性设置不同的权重，以实现更自然的融合效果。

假设有两块相邻的屏幕，它们的亮度分别为 B_z 和 B_v。加权平均融合算法将这两个像素值进行加权平均，得到融合后的像素值 $I(x,y)$ 为

$$I(x,y) = \frac{B_z}{B_z + B_v} \times I_a(x,y) + \frac{B_v}{B_z + B_v} \times I_b(x,y) \tag{2.20}$$

式中，B_z 与 $B_z + B_v$ 的比值和 B_v 与 $B_z + B_v$ 的比值是权重系数，它们的值与屏幕的亮度成正比。这样，较亮的屏幕对融合结果的贡献较大，较暗的屏幕对融合结果的贡献较小，从而实现更自然的融合效果。

（3）多频带融合。多频带融合是一种更复杂的图像融合算法。它将图像分解为多个频带，在不同频带上分别进行融合。这种方法可以更好地保留图像细节，减

少融合伪影。

多频带融合的基本步骤如下：

① 将图像分解为多个频带，例如低频、中频和高频。

② 在每个频带上分别进行融合，例如在低频带上采用线性融合，中频带上采用加权平均融合，高频带上采用拉普拉斯金字塔融合。

③ 将融合后的各个频带进行叠加，得到最终的融合图像。

多频带融合的优点是可以针对不同频率的图像信息采用不同的融合策略，从而更好地保留图像细节，减少融合伪影。例如，低频信息主要反映图像的整体亮度和色彩，可以使用线性融合来保证融合结果的平滑性；中频信息主要反映图像的纹理和细节，可以使用加权平均融合来保留更多的细节信息；高频信息主要反映图像的边缘和轮廓，可以使用拉普拉斯金字塔融合来增强融合结果的清晰度。

边缘融合技术是图像拼接技术的重要补充。由于不同屏幕的亮度和色彩特性存在差异，即使经过几何校准和图像融合，拼接区域仍然可能存在明显的亮度和色彩差异，形成明显的拼接缝隙。边缘融合技术通过对拼接区域的亮度和色彩进行调整，实现平滑过渡。线性衰减融合是最基本的边缘融合技术，它在拼接区域内对图像亮度进行线性衰减，使其逐渐过渡到相邻屏幕的亮度。多项式融合则采用更高阶的多项式函数来描述亮度变化曲线，可以实现更平滑的过渡效果。基于摄像头的融合技术则通过摄像头实时采集拼接区域的图像信息，并根据图像信息动态调整融合参数，以达到最佳的融合效果。

在实际应用中，图像拼接和边缘融合技术通常需要结合使用，才能实现真正无缝的多屏幕融合。首先通过图像拼接技术对齐图像内容，然后通过边缘融合技术消除拼接区域的亮度和色彩差异。此外，还需要根据具体的应用场景和屏幕特性来选择合适的融合算法和参数，以达到最佳的显示效果。

2. 色彩与亮度均衡技术

色彩与亮度均衡技术是保证多屏幕融合系统显示效果的关键。色彩和亮度是影响虚拟现实系统视觉体验的重要因素，它们直接影响到虚拟场景的真实感、沉浸感和用户的视觉舒适度。然而，由于不同屏幕的制造工艺、使用时间、环境光照等诸多因素的影响，不同屏幕之间往往存在着显著的色彩和亮度差异，如果不进行校正，这些差异会导致整体画面不均匀，拼接区域出现明显的色彩和亮度跳变，严重影响整体画面的观感，降低虚拟现实系统的沉浸感。

色彩与亮度均衡技术通过对每块屏幕的色彩和亮度特性进行测量和分析，建立起各个屏幕之间的映射关系。这一过程通常需要借助专业的色彩校正仪器和软件。校正仪器会测量每个屏幕在不同灰度级别下的三原色（RGB）值，并生成相应的色彩特性曲线。软件则会分析这些曲线，计算出不同屏幕之间的色彩差异，并生成相应的校正参数。

在得到校正参数后，可以通过硬件或软件的方式对每个屏幕的色彩和亮度输出进行调整。硬件校正通常在投影机或显示器内部进行，通过调整其色彩和亮度输出参数来实现均衡。软件校正则在计算机图形处理阶段进行，通过对输出图像的像素值进行调整来实现均衡。

常见的色彩与亮度均衡技术包括：

（1）基于颜色校正表的校正。这种方法通过预先测量每个屏幕的色彩特性，生成颜色校正表。在显示图像时，根据颜色校正表对每个像素的 RGB 值进行调整，从而实现色彩均衡。

（2）基于传感器测量的校正。这种方法在屏幕上放置光传感器，实时测量屏幕的亮度和色度值。然后，根据传感器测量值动态调整屏幕的亮度和色彩输出，以达到均衡。

（3）基于图像分析的校正。这种方法通过分析屏幕上显示的图像内容，自动检测并校正色彩和亮度差异。例如，可以通过分析图像中的灰度梯度、颜色分布等信息，来判断屏幕的色彩和亮度特性，并进行相应的调整。

色彩与亮度均衡技术的目标是使得整个显示区域的色彩和亮度达到一致，消除屏幕之间的差异，使用户在观看时不会感到任何视觉上的不适或跳变。这对于提高虚拟现实系统的沉浸感和用户体验具有重要意义。

3. 几何矫正技术

几何矫正技术是解决多屏幕融合系统中图像畸变问题的关键。由于投影屏幕的形状、安装位置、投影角度等因素，投影图像常常会出现几何畸变，如梯形畸变、枕形畸变（见图 2.13）、桶形畸变等。这些畸变会导致图像变形、失真，严重影响视觉体验和沉浸感。

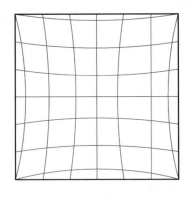

图 2.13　枕形畸变

几何矫正技术通过对投影图像进行空间变换，校正图像的几何形状，使其与投影屏幕的形状相匹配。其原理是通过建立投影图像与投影屏幕之间的映射关系，然后根据映射关系对图像进行像素级别的调整，从而消除畸变。

常见的几何矫正技术包括：

（1）线性变换。它适用于简单的几何畸变，如梯形畸变。通过调整图像的缩放、平移和旋转参数，它可以实现对梯形畸变的校正。

（2）非线性变换。它适用于复杂的几何畸变，如枕形畸变和桶形畸变。通常采用多项式函数或样条函数来描述畸变曲线，然后根据曲线对图像进行逐像素校正。

（3）基于网格的变换。将投影幕和投影图像划分为若干网格，然后通过调整网格顶点的位置来实现畸变校正。这种方法适用于任意形状的投影屏幕，具有较高的灵活性和精度。

在实际应用中，通常需要根据投影屏幕的形状和投影方式来选择合适的几何矫正技术：

1）对于平面投影屏幕，由于其表面平整，投影图像一般只会出现梯形畸变，因此可以采用线性变换进行校正。

2）对于曲面投影幕，由于其表面弯曲，投影图像可能会出现复杂的枕形畸变或桶形畸变，需要采用非线性变换或基于网格的变换进行校正。

3）对于多投影幕融合系统，由于存在多个投影屏幕，需要对每个投影屏幕进行独立的几何校正，以确保整体画面的连续性和一致性。

几何矫正的精度对多屏幕融合系统的显示效果至关重要。高精度的几何矫正可以消除图像畸变，提高画面的清晰度和真实感，从而增强用户的沉浸体验。在实际应用中，通常需要借助专业的校准工具和算法来实现高精度的几何矫正。

4. 多通道视景同步控制技术

多通道视景同步控制技术是保证多屏幕融合系统流畅运行的重要保障。在多屏幕融合系统中，通常需要多个投影通道来显示图像。每个投影通道负责将一部分图像内容投影到对应的屏幕上。如果这些通道之间的画面不同步，即不同屏幕上的画面更新时间不一致，就会出现画面撕裂、卡顿等现象，严重影响用户的视觉体验和沉浸感。

多通道视景同步控制技术通过精确控制各个投影通道的画面输出时间，保证所有通道的画面同步显示。

（1）产生高精度的时间基准信号。系统需要一个高精度的时间源来作为所有投影通道的参考标准。这个时间源可以是一个高精度的时钟信号发生器，它能够产生频率稳定、相位精确的时钟信号，为整个系统提供统一的时间基准。也可以是外部的同步信号，如垂直同步信号（VSYNC），它表示显示设备刷新周期的开始，可以作为画面输出时间的参考点。

（2）画面输出时间的精确控制。每个投影通道都需要接收时间基准信号，并根据信号来调整自己的画面输出时间。这需要投影通道具备精确的时序控制能力，能够在微秒级别上调整画面的输出时间。具体的实现方式可以是通过硬件电路实现，例如使用现场可编程门阵列（FPGA）或专用集成电路（ASIC）来实现时序控制；也可以通过软件算法实现，例如在操作系统或驱动程序中实现时序控制。

（3）实时监测与调整。为了保证所有通道的画面始终保持同步，系统需要实时监测各个通道的画面输出时间，并在出现偏差时及时进行调整。这通常通过比较每个通道的画面时间戳与时间基准信号来实现。画面时间戳是嵌入在画面数据中的一段信息，表示该画面的生成时间。通过比较时间戳和时间基准信号，可以判断画面是否按时输出。如果发现某个通道的画面输出时间滞后，可以通过加快其画面输出速度来追赶其他通道。反之，如果一个通道的画面输出时间超前，可以通过降低其画面输出速度来等待其他通道。多通道视景同步示意图如图 2.14 所示。

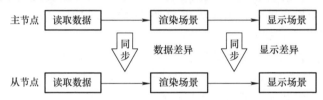

图 2.14　多通道视景同步示意图

除了画面同步性，多通道视景同步控制技术还需要考虑系统的延迟和响应速度。延迟指的是从画面生成到画面显示之间的时间间隔。过高的延迟会导致画面滞后，影响交互体验。例如，在虚拟现实游戏中，如果画面延迟过多，用户的动作与画面反馈之间就会出现明显的时间差，影响游戏的流畅性。响应速度指的是系统对用户输入的反应速度。在虚拟现实系统中，用户的头部转动、手部动作等输入都需要系统实时响应，并在画面上得到反馈。如果响应速度过慢，用户就会感到画面卡顿，影响交互体验。

因此，多通道视景同步控制技术需要在保证画面同步性的前提下，尽量降低系统的延迟，提高响应速度。这可以通过多种方式来实现。首先，可以优化同步算法，减少计算量和数据传输量，例如采用更高效的时间戳编码方式、更精简的数据传输协议等。其次，可以采用更高效的数据传输方式，如高速串行接口、光纤传输等，以减少数据传输时间。此外，还可以通过升级硬件设备，如使用更高性能的图形处理单元（GPU）、更快的存储器等，来提高系统的处理能力，从而降低延迟，提高响应速度。

2.6　实验及分析

为了考察系统投影算法的准确性以及虚实空间的统一性，做了多次实验，实验目的为考察用户观察到的虚拟物体是否处于设定位置。实验方法如下：实验者视点固定在场景中的某一位置，虚拟场景中设置规则排列的小圆锥（高度一致），记录观察者感知其在空间的位置并与理论位置比较。实验对象三人，实验过程中始终正视投影屏幕，保证视点位置固定，两次实验视点距屏幕距离分别为1.5m 和 1.4m。

虚拟椎体感知位置的测量以吊铅锤方式进行，虽然不是很方便，但测量精度比现有三坐标测量设备都高。现根据屏幕坐标系，在实验室地面画出坐标网格，实验时以铅垂与地面交点确定 XY 轴坐标，垂线长度为 Z 轴坐标，即可确定末端在此坐标系内的坐标，测量三次取平均值。

视点不同时虚拟物体的分布如图 2.15 和图 2.16 所示。

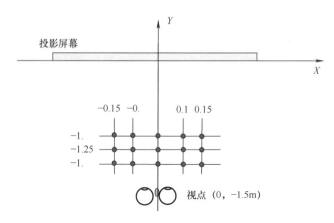

图 2.15　视点处于（0，−1.5m）时虚拟物体的分布

视点处于（0，−1.4m）时的实验结果如图 2.17 所示。

从以上实验数据可以看出，感知位置与设定位置距离偏差基本在 10mm 之内，而且越靠近 Y 轴精度越高。根据文献，10mm 的精度时，用户视觉力觉通道基本不会冲突，这就为后续的虚拟物体直接操作打下了基础。实验中还有一些因素会对结果产生影响，包括投影系统的光学失真和用户生理参数的测量不准确。投影系统由于安装调试问题总会存在图像的扭曲变形，而且系统中采用双投影仪，它们之间的投影区重合度也是个问题；实验中虚拟照相机的位置是根据实验者眼睛生理参数设

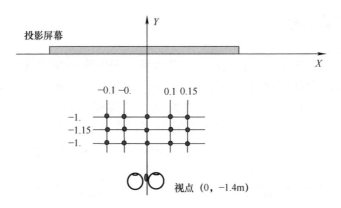

图 2.16　视点处于（0，－1.4m）时虚拟物体的分布

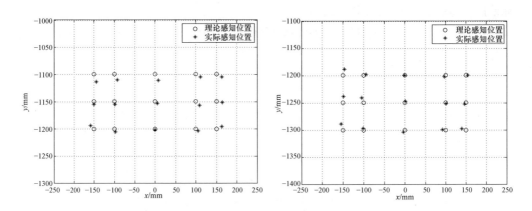

图 2.17　视点处于（0，－1.4m）时的实验结果

定的，人类视点的位置是在眼球内部，瞳孔间距可以测量，但是沿眼睛光轴的深度值只能估计，同时实验者在实验时会本能转动头部，造成视点位置变化，也会对最终感知位置产生影响。

2.7　本章小结

　　本章主要讨论的是沉浸性立体场景的生成问题。第一节中首先探讨了能带给人立体感的几种深度线索，并详细介绍了以双目视差为基础的立体显示技术，包括图像对的生成和观看技术。本章的目标是要介绍视觉沉浸感，产生视觉沉浸感的首要条件是必须有较大的视场角，因此本章介绍了平面大屏幕投影式立体显示系统，能提供大于90°的视场角，为用户提供沉浸式的虚拟现实视觉体验。接下来介绍了真实感立体图像对的生成算法和真实感明暗处理及纹理映射，从不同的方面保证了系统呈现出逼真的立体视觉场景。第四小节中介绍了虚实统一，只有保证了虚实空间的尺度统一，用户观察到的虚拟物体才能表现出与真实物体一致的空间定位特性。第五小节介绍了多屏幕融合技术在虚拟现实系统中的应用，包括其意义与挑战、实现方法、关键技术。通过调节视口变换比例，实现了虚拟物体在真实空间中的等比例呈现，保证了系统的沉浸性。最后的实验说明了场景生成算法的有效性和虚实统一的良好效果。

参 考 文 献

［1］赵思伟. 曲面屏幕上移动视点的沉浸式立体渲染及投影方法［D］. 济南：山东大学，2017.

［2］李瑕. 陕西省省级非遗"木轮大车制作技艺"的虚拟展示研究［D］. 西安：西安理工大学，2023.

［3］唐涛南，金广厚，宋文增，等. 变电站一二次设备场景优化建模及仿真研究［J］. 自动化与仪器仪表，2023（06）：281－285.

［4］曾哲昊. 实时三维光场显示的高清传输与降噪方法研究［D］. 北京：北京邮电大学，2023.

［5］刘昊. 用于三维光场显示的复杂三维模型切割与优化方法研究［D］. 北京：北京邮电大学，2023.

［6］王康. 受限空间作业仿真培训系统关键技术的研究［D］. 杭州：杭州电子科技大学，2023.

［7］宋佳宁. 基于清晰度信息与灰度差异熵的高层住宅场景可视化三维 BIM 虚拟重建模型［J］. 粉煤灰综合利用，2023，37（02）：10－15.

［8］Xu Jiping, Yang Kun, Jiang Lu, Wang Zhaoyang, Wang Xiaoyi, Chi Cheng. Flexible Gossamer Simulation Based on Improved Particle － SpringModel. 第 34 届中国控制与决策会议论文集（11）［C］. 东北大学、中国自动化学会信息物理系统控制与决策专业委员会，《控制与决策》编辑部，2022：6.

［9］杨朝政，李淑英. 基于虚拟现实技术的激光三维图像优化系统设计［J］. 激光，2023，44（04）：152－157.

［10］张范文. 水下油气生产系统三维可视化交互系统设计与实现［D］. 青岛：青岛科技大学，2023.

［11］王文. 间隔织物的建模与三维仿真［D］. 武汉：武汉纺织大学，2023.

［12］卢志扬. 基于云计算的三维动画渲染系统设计［J］. 自动化与仪器仪表，2022，（12）：157－161，165.

［13］WEI H, LIU N, ZHANG Q, et al. Research on 3D Visualization technology of Dual － polarization Weather Radar Products［C］//2021 4th International Conference on Data Science and Information Technology. 2021：62－68.

［14］周娟. 融合人工智能的医学影像教学与实践的思考［J］. 中国当代医药，2022，29（30）：147－149，153.

［15］张亮. "元宇宙"之自我生境的"元"反思与批判——虚－实世界间的"自我认同"之论析［J］. 浙江社会科学，2022（07）：68－77，158.

［16］林勇明，李键，巫丽芸，等. 虚拟仿真技术的区域分析与区域地理课程教学模式改革［J］. 武夷学院学报，2022，41（06）：98－104.

［17］黄明益. 面向全景摄像机的监控视频实景融合关键技术研究［D］. 桂林：桂林电子科技大学，2022.

［18］乔硕. 基于 Unity3D 的电梯虚拟仿真互动教学系统［D］. 济南：山东建筑大学，2022.

［19］PENG C, JIN L, YUAN X, et al. Vehicle Point Cloud Segmentation Method Based on Improved

Euclidean Clustering［C］//2023 35th Chinese Control and Decision Conference（CCDC）. IEEE, 2023: 4870 – 4874.

［20］徐鹏. 贴面生产线虚拟仿真实验教学系统的研究与开发［D］. 南京: 南京林业大学, 2023.

［21］李铭通. 基于 CUDA 的倾斜影像三维模型重建方法研究［D］. 济南: 山东建筑大学, 2023.

［22］ZHANG J, LIU K K, HOU J Y. Research on Cloud – to – Ground Separation Algorithms Based on Satellite Cloud Images［C］//2019 Chinese Control Conference（CCC）. IEEE, 2019: 7816 – 7821.

［23］张沛沛. 多屏幕拼接技术的研究［J］. 电子技术与软件工程, 2014（02）: 128.

［24］陈胜. 多屏幕动态视点技术在直升机模拟器中的应用［D］. 长春: 吉林大学, 2019.

［25］MIURA H, MIYAZAWA M, OZAWA S, et al. Lateral response artifact correction method using image stitching technique in radiochromic film dosimetry［J］. Journal of Applied Clinical Medical Physics, 2024: e14373.

［26］DAS D, NASKAR R. Image splicing detection using low – dimensional feature vector of texture features and Haralick features based on Gray Level Co – occurrence Matrix［J］. Signal Processing: Image Communication, 2024, 125: 117134.

［27］董经胜. 深度可控的3D 视频内容获取与处理技术研究［D］. 北京: 北京邮电大学, 2017.

［28］邱永华. 一种多屏幕拼接显示系统显示超高分辨率图片的方法［J］. 电子技术, 2016, 45（07）: 15 – 16, 10.

［29］SEGIJN C M, VOORVELD H A M, VANDEBERG L, et al. The battle of the screens: Unraveling attention allocation and memory effects when multiscreening［J］. Human Communication Research, 2017, 43（2）: 295 – 314.

第 3 章　大操作空间双指力觉交互系统的实现

3.1　虚拟现实中的力觉交互

本书第 1 章绪论部分说到过力觉交互对沉浸式虚拟现实系统有着重要的意义。人类的力觉感知有这样一个特性：当各种混淆或者自相矛盾的信息呈现给感觉器官时，力觉感知所提供的关于世界的线索是认知系统最为信任的。在沉浸式虚拟现实系统中，人们总是试图通过触摸看到的物体，来确定它们是否是真的。

由于人的力觉系统是双向的，在虚拟现实系统中表现力觉比视觉和听觉要难得多。它不仅会感知虚拟世界，而且要对虚拟世界产生影响。比如，操作者可以推一个虚拟物体，这时他不但要感觉这个物体给他的作用力，虚拟物体还要对他的操作做出反应，比如移动、反转。在这个过程中，操作者感觉到的力还得相应变化。因此力觉交互系统对虚拟现实系统来说既是输入接口又是输出接口。

3.1.1　力觉交互分类

大部分的力觉感知都来自手和手臂，因此绝大多数力觉交互设备也都是基于手部的。力觉交互系统有阻抗再现和导纳再现两种信号流动方式。阻抗再现方式是采集操作者的运动信号，根据交互情况向操作者返回力信号。导纳再现方式是采集操作者力信号，进而驱动末端运动。阻抗式力觉交互系统应用广泛，种类较多，而导纳式交互系统由于表现性能的限制研究较少。

力觉交互设备根据安装方式可分为固定式和穿戴式两种。

固定式力觉交互设备通常是通过桌面、天花板、墙壁等并最终以地面作为支撑，承受整个接口装置的重量。它的优点是用户不用承受传动机构的重量，力觉表现范围广，形式多种多样。

SensAble 公司的 PHANToM 系列和 Force Dimension 公司的 omega 系列是最常见的桌面式力觉交互设备。这些设备精度高，力觉表现性能优良，操作空间可大可

小，自由度范围从 3 自由度到 7 自由度（包括抓握），有着广泛的应用，如图 3.1
和图 3.2 所示。

图 3.1　PHANToM Desktop 和 Premium

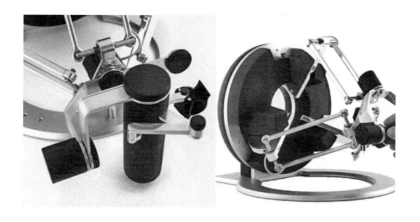

图 3.2　omega3 和 omega7

美国南卫理公会大学系统实验室的学者们开发了一套名叫 Master Arm 的外骨
骼式力觉交互设备，如图 3.3 所示。设备的主要部件是一个多关节机械手，一端固
定在椅子上，另一端有一手柄供操作者抓握。它可以跟踪操作者的肩和肘部的运
动，并以气马达提供动力给操作者。设备有多个长度调节器，以适应不同的操
作者。

日本东京工业大学佐藤研究室的 SPIDAR 系列设备采用线绳式并联型结构，它

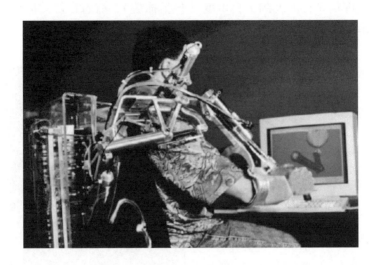

图 3.3　Master Arm

通过测量各线绳的长度来跟踪操作末端的空间位置，通过控制线绳张力来表现虚拟力，如图 3.4 所示。这种设备可以有较大的工作空间，能应用到沉浸式虚拟环境中去，但是位置跟踪精度有所降低。

图 3.4　线绳式并联型结构

东南大学仪器科学与工程学院宋爱国教授团队对力觉临场感机器人力反馈装置进行了深入研究，研制了 7 自由度的力反馈手控器，如图 3.5 所示。通过将平行连杆结构、菱形拉伸结构、三维旋转手柄和手指扳机结构相串联，实现了三维平动自由度间的机械解耦，同时也实现了三维平动与三维转动自由度间的机械解耦，具有解算简单、易于控制的特点。

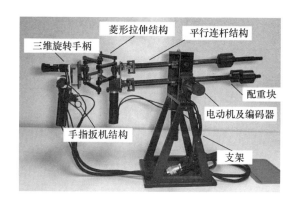

图 3.5　7 自由度的力反馈手控器

穿戴式力觉交互设备多采用手套的形式，外形像是小型的外骨骼，可以给多根手指提供力作用。

这类设备最大的优点是用户可以更加自然地移动位置，而不会像操作大型的外骨骼设备或固定设备那样受限制。它们使得用户操作更自然，更有利于用户沉浸到虚拟场景中去。但是由于注重了尺寸和重量，使得可表现的交互力较小。

美国新泽西州大学人机交互实验室研制的 Master Ⅱ 就属于这类设备，如图 3.6 所示。它是一只由气压缸提供力觉信息的手套，由 4 个气缸给手指提供反作用力（为了简化系统，小手指上没有力），每个气缸均可独立控制。利用 Master Ⅱ 可以模拟人手抓握物体时各手指的受力情况。设备的主要缺点是控制频率低，只能达到 10Hz，并且只有一个自由度。

虚拟现实技术有限公司开发的 CyberGrasp 系统也是一种力觉交互手套，如图 3.7所示，系统由两部分组成：CyberGlove 和外骨骼。轻便的 CyberGlove 带有柔性传感器，可以精确测量手指手腕的位置和移动；交互力由轻巧的外骨骼部分提供，它固定在 CyberGlove 外边，并由电动机通过线绳拉动。

Dexta Robotics 公司推出的 Dexmo 力反馈手套，能够实现双手无线力反馈，兼具手部动作捕捉与力反馈功能，单只手套质量约为 300g，可以产生 500N·mm 的扭矩，如图 3.8 所示。

分析两类力觉交互设备，若要实现对虚拟物体的抓握操作可以有两种方式。一是利用可穿戴式（手套式）力觉交互设备模拟多根手指握物体时的反作用力。但

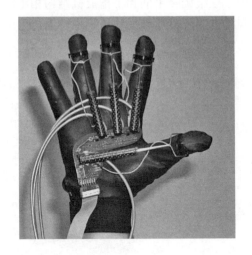

图 3.6　Master Ⅱ

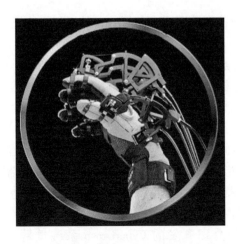

图 3.7　CyberGrasp 系统

是此类设备是自基准的，交互力的形式受限。比如，当用户抓住并移动一个虚拟球体时，能感受到被抓握对象的弹力，区分软硬程度，但是不能分辨出重量、惯性力等信息。另一种方式就是利用两个对称布局的固定式设备来共同作用，每个设备分别对两根手指或者两只手施加反作用力，以此实现对虚拟物体的夹持操作模拟。本章研究以第二种方式实现沉浸式虚拟现实系统中的双指力觉交互，即利用两个对称布局的固定式设备分别对两根手指施加反馈力来模拟双指夹持虚拟物体时的力觉交互情况。

图 3.8　Dexmo 力反馈手套

3.1.2　力觉交互性能指标

1. 通用指标

对于各种各样的力觉交互设备和系统，针对其性能有一些通用的评价指标。现简要介绍其中主要的几项：

（1）逼真度。力觉交互系统表现的是人碰触操作虚拟物体时的力触觉特性，应该与现实世界中的体验的尽量一致。比如当模拟一堵坚固的墙时，力觉交互系统要表现出很大的刚度才行。力觉交互领域的研究得出，大多数体验者能接受的刚度为 20N/cm，就是说当表现刚度大于这个值时，虚拟墙体验的逼真度可接受。

（2）力觉透明度。力觉交互设备的作用是在操作者与虚拟物体接触时施加作用力，以模拟真实操作的力觉感知，但是当操作者未对虚拟物体做碰撞和抓握等操作时，力觉设备由于其结构特点，也总是会部分限制或阻碍操作者的移动，这种阻碍程度称为力觉透明度。通常是要求阻碍越小越好，力觉透明度越高越好。

（3）时间分辨率。在力觉交互系统中，较低的时间分辨率（帧速）会影响被模拟对象的感觉。如果力觉交互系统帧率太慢，体验者或者感觉物体太柔软，或者感觉颤抖和振动。PHANTOM 设备的研究者指出，当帧率达到 1000Hz 时就能产生正确的力觉效果，再高就只能有微小的改进了。

（4）自由度。力觉交互系统自由度的数目可以从 1 到 6，自由度越高表现范围越广，真实性也较好。

（5）安全性。因为力觉交互系统与虚拟现实系统体验者直接接触，并对体验者身体施加真实的力，这种力不应该大到伤害体验者。好的设计应该是"故障 –

安全"的，即使计算机出故障，用户也不会受伤害。

（6）舒适性。该指标综合了多种因素，包括体验者承担的重量、穿戴时间、连接线的影响以及所产生噪声的大小等。

（7）成本。由于设计制造的复杂性，力觉交互系统通常造价很高，影响了其推广普及。

2. 特别指标

还有一些指标对沉浸式虚拟现实系统来说有着极高的重要性，需要特别关注。包括操作方式、操作空间、对立体视觉感知的影响和位置检测精度等。

（1）操作方式。主要考察虚拟交互的方式，是否能完成对虚拟物体的多种操作。比如两指力觉交互设备就能实现对虚拟物体的夹持、移动和旋转等操作。

（2）操作空间。操作空间指力觉交互系统能够提供交互力的空间区域大小，最佳的范围是等于或大于用户的工作范围。由于沉浸式虚拟现实系统基于大投影屏幕，体验者活动空间较大，这就要求相应的力觉交互系统有很大的工作空间。

（3）对立体视觉感知的影响。对非沉浸式虚拟现实系统来说，力觉感知和视觉感知是分离的，力觉交互系统不会影响视觉感知；而沉浸式系统要求对虚拟物体的直接操作，力觉交互系统中的机械部件很可能会阻碍体验者的视线，造成立体视觉信息的失真。这就需要力觉交互系统进行特殊设计，例如以线绳代替连杆等方式，尽量降低对视觉感知的影响。

（4）位置检测精度。指的是力觉交互系统末端位置检测与计算的准确性。为了实现虚拟操作的准确性和沉浸性，沉浸式虚拟现实系统要求做到"所触即所见"，也就是视觉感知和力觉感知的精确融合。不能出现眼睛看到手指碰到虚拟物体却没有交互力感觉或者看着没有碰到却感到交互力的情况。这就要求力觉交互系统的末端位置检测精度必须很高，大的操作空间加大了实现难度。

3.2 线绳式双指力觉交互系统的构成

3.2.1 绳驱并联机构

绳驱并联机构作为一种独特的机械结构，其基本组成主要包括机架、绳索、动平台、铰链、驱动器、传感器、滑轮等关键元素。这些元素通过精心的设计和布局，共同构成了绳驱并联机构的核心结构。绳索作为主要的传动和支撑介质，通过滑轮和铰链的引导，实现了连接绳索两端的动平台与驱动器之间的运动与力的传递。

根据运动的传递方向，可以将绳驱并联机构分为四种类型：

（1）用于固定的绳驱并联机构。此类机构不传递运动，只是利用绳索完成定位固定功能，机构退化为结构。典型应用场景是斜拉桥（见图 3.9）和张弦梁。

图 3.9　绳索斜拉桥

（2）用于测量的绳驱并联机构。此类机构将动平台的运动位姿传递到驱动器，机构被动跟随并测量动平台的移动，实时记录动平台位姿。

（3）用于执行的绳驱并联机构。此类机构将驱动器的运动与驱动力传递到动平台，机构主动驱动动平台改变位姿。这是绳驱并联机构的最常规应用，通常也称为绳驱并联机器人，图 3.10 所示为 NIST 研制的绳索机器人 Robocrane。

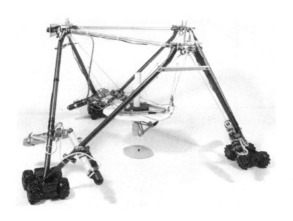

图 3.10　绳索机器人 Robocrane

（4）用于交互的绳索并联机构。此类机构综合了前两种机构的特点，既能够被动跟随动平台的移动，又可以作为执行器输出力和运动。典型应用为力觉交互领域，本文内容主要围绕此类机构。

3.2.2 设备组成和基本结构

为了实现沉浸式虚拟现实系统中的双指力觉交互，本章构建了线绳式力觉交互系统。该系统包括机械结构和控制模块两个主要组成部分。

机械机构如图 3.11 所示，首先用木质材料搭建矩形框架，框架的八个角落（$A \sim H$）分别安装有如图 3.12 所示的硬件设备一套，包括直流电动机、编码器、绳轮和线绳导向孔。每个绳轮上都缠绕有极细的线绳，线绳的自由端通过导向孔伸向框架中央，并四四相连，形成两个末端（P_L、P_R）。连接框架对称的四角设备为一组，共两组，分别用于实现两根手指上的力觉交互功能。两根手指可以是左右双手的食指，也可以是一只手上的食指和拇指，以完成对虚拟物体的夹持、移动操作。各组成部分功能及设计准则如下所述。

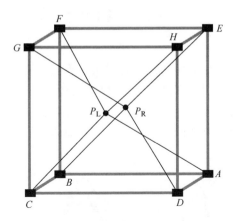

图 3.11　机械结构

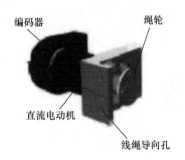

图 3.12　硬件设备

（1）立方体框架。为用户的操作提供空间，同时为其他装置及作用力提供支撑。由于在本系统中，利用 FOB 电磁方位跟踪器跟踪用户视点，而其工作范围内的金属物体对跟踪精度影响较大，所以支架材料采用非金属物质。但是，同时又要保证支架的结构牢固、平稳及具有一定的抗压、抗拉、抗冲击能力，作者选用了北欧硬木作为框架材料。

（2）绳轮。固定在电动机输出轴上，用于缠绕线绳，并传递电动机力矩。绳轮的半径是其主要指标，须考虑三个因素：一是绳轮半径与电动机选型的关系。由于半径越大，要输出同样的张力，则要求电动机的力矩越大，进而要求电动机的功率、尺寸、质量也越大，所以，从这个角度看，半径越小越好。二是绳轮半径与指尖位置测量误差之间的关系。由于半径越小，指尖移动同样大小的距离，线绳缠绕的圈数越多，绳轮的有效半径变化就越大，从而通过光电编码器输出的脉冲与绳轮半径换算过来的指尖位移误差越大。所以，从这个角度看，半径越大越好。三是绳轮本身的质量和体积。由于整套装置要悬挂在支架上，所以要求质量和体积越小越好。综合考虑选定半径 10mm。

（3）直流电动机。直流电动机的作用体现在两个方面，一是通过力矩输出施加交互力，二是缠绕线绳以跟踪指尖的位移。由于绳轮半径为 10mm，食指可承受的作用力应不大于 7 牛顿，所以电动机的连续输出力矩应在 70mN·m 左右。要使力觉交互设备达到逼真的力觉模拟效果，整个系统的伺服频率最好达到 1kHz 以上。在每个伺服周期中，上位机根据位置信息与力的模型得出相应目标转矩参数，转换成电压信号由电动机执行。每个周期施加的电压信号都不一样，相应地，电动机不断地改变输出转矩，但是这种改变必须在一个伺服周期内完成，否则便无法实现伺服频率设计指标。这就要求电动机的输出转矩能在极短的伺服周期内迅速做出响应，即对电动机的电气时间常数有要求。通常认为应有 $4t < T$，即电气时间常数 $t < T/4$（T 为伺服周期），所以如果 $T = 1\text{ms}$（1kHz），则 $t < 0.25\text{ms}$。本系统选用的电动机为 Maxon RE30 直流电动机。

（4）编码器。编码器联结在电动机输出轴上，通过测量电动机转动的角位移测量指尖的位移。因为要求测量精度为 0.1mm，所以每转脉冲数应大于 $2 \times \pi \times 10 / 0.1 = 628$。选择与电动机相配套的 MR 编码器 L 型，每转脉冲数为 1024，理论上位置检测精度可达 0.0153mm（做四倍频处理后）。

3.2.3　控制系统设计

线绳式力觉交互设备的作用是实现操作者与虚拟物体（图像）的力觉交互，

让操作者感受到与操作实物一致的力特性，其基本工作原理如图 3.13 所示。

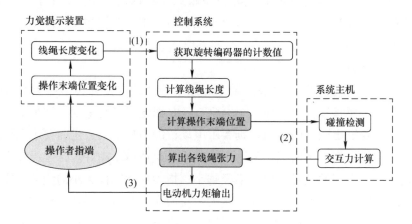

图 3.13　线绳式力觉交互设备的基本工作原理

（1）位置测算。根据与电动机同轴的编码器读数实时计算线绳的长度，控制器由末端相连的四根线绳的长度计算出操作者手指所在空间位置，传递给上位机。

（2）给出力需求。上位机根据手指与虚拟物体之间的相对位置关系判断是否发生碰撞，如果碰撞发生了，则根据碰撞深度、速度、物体特性等计算出力觉交互系统所需提供的力。

（3）力的生成与表现。力觉交互设备控制器根据上位机算出的力，分别控制电动机转矩，拉动线绳，给操作者指端力觉感。

控制系统的功能主要体现在：通过分别控制四台电动机的电流，实现对其输出转矩的控制，最终达到对线绳张力的控制；对四个通道的编码器输出信号进行计数，并计算出相应四根线绳的长度；实现与主机的通信。

设计了基于现场可编程门阵列（FPGA）的力觉交互系统控制器，由协议控制信息（PCI）通信模块、编码器计数模块、脉冲宽度调制（PWM）信号生成模块、编码器信号滤波电路和电动机驱动电路组成。其中，PCI 通信、编码器计数和 PWM 信号生成由 XC3S400 型 FPGA 实现。图 3.14 所示为 FPGA 模块硬件连接示意图。FPGA在数据处理速度方面性能突出，可以很好地满足系统伺服频率的要求。资料显示，为提供较好效果的力觉显示，控制器对电动机的伺服频率应该达到 1kHz 以上。

在本系统中，通过控制电动机的输出转矩进而控制线绳的张力值。在电动机转矩的控制上，由于电动机的电磁转矩 E_e 公式为

$$E_e = K_T i_a \qquad (3.1)$$

式中，K_T 为转矩常数；i_a 为电枢电流。

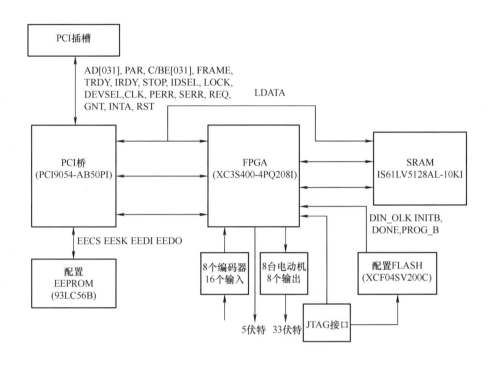

图 3.14　FPGA 模块硬件连接示意图

所以，电动机的输出转矩与电动机的电枢电流成线性关系，可以通过对电动机电流的精确控制实现对电动机转矩的控制。电动机的电流控制电路有两种实现方式，一是基于线性驱动的电流控制，二是基于 PWM 信号驱动的电流控制。基于线性驱动的电流控制是利用电压和电流的线性关系，根据回路中的电流目标值和检测电阻大小，在 D/A 口输出相应的电压值。该控制方式具有电路简单、控制方便的优点，但是会产生大量的热，效率低。基于 PWM 信号驱动的电流控制的基本原理是通过获取检测电阻上的电压值，得到回路中的电流，经比较实际电流值和目标电流值的大小后，通过调整 PWM 信号的占空比，达到调整回路中的电流的目的。该控制方式是闭环控制，需要在控制处理器中采用比例－积分－微分（PID）控制算法以迅速调整 PWM 信号的占空比，实现被控量电流的快速响应。此方法发热量少，驱动效率高。图 3.15 所示为 PWM 电流控制响应曲线。

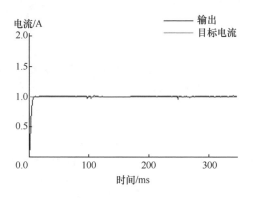

图 3.15　PWM 电流控制响应曲线

3.3　力觉交互功能的实现

3.3.1　并联机构运动学

1. 末端位姿解法

为了做到视觉和力觉感知的融合，必须准确地测量操作者手指的空间位置。而且，要先检测到设备末端位置才能进行力的分解，力的分解是以位置测算为前提的，位置测算得不准确，最终的交互力也是不准确的。由上可知，装置末端位置的测算是关系整个系统性能的关键步骤，如何保证测算的准确性是我们要解决的首要问题。

线绳只能提供单向拉力，4 根以上线绳才能实现 3 自由度力觉交互，对自由度大于 3 的设备同样如此。计算线绳式机构末端位姿主要有两种方法，直接求解和逆矩阵法。两种方法各有优点，专家学者们对这两种方法都进行了深入研究。

从本章所阐明的力觉交互系统的结构可以看出，八台电动机（$A \sim H$）共同实现两根手指上的力觉交互功能，每根手指对应四台电动机。电动机之间的空间布置呈现出相似性与对称性，两指的位置检测和力的实现方法类似。因此在接下来的位置测算部分我们只针对其中一指，即与 A、C、F 和 H 电动机相关的部分，另外一指的算法可类推得出。

（1）消元法计算末端位置。力觉交互系统末端空间位置根据电动机位置和线绳长度得出，三者关系可表示如下：

$$\begin{cases} (l_F)^2 = (x - a_1)^2 + (y - b)^2 + (z - c)^2 \\ (l_C)^2 = (x + a_1)^2 + (y - b)^2 + (z + c)^2 \\ (l_A)^2 = (x - a_2)^2 + (y + b)^2 + (z + c)^2 \\ (l_H)^2 = (x + a_2)^2 + (y + b)^2 + (z - c)^2 \end{cases} \tag{3.2}$$

式中，(x, y, z) 为设备末端空间位置；l_A、l_C、l_F 和 l_H 分别为电动机 A、C、F 和 H 到设备末端距离，即四根线绳长度；电动机坐标分别为 $A(a_2, -b, -c)$，$C(-a_1, b, -c)$，$F(a_1, b, c)$，$H(-a_2, -b, c)$，a_1、a_2、b、c 均为大于零的常数。坐标系如图 3.16 所示。

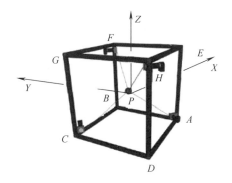

图 3.16　坐标系

根据编码器获得的线绳长度值，利用消元法解方程组（3.2），可得到末端位置的显式解为

$$\begin{cases} x = \dfrac{(l_C)^2 + (l_H)^2 - (l_F)^2 - (l_A)^2}{4(a_1 + a_2)} \\[3mm] y = \dfrac{(l_A)^2 + (l_H)^2 - (l_F)^2 - (l_C)^2}{8b} \\[3mm] z = \dfrac{a_1((l_A)^2 - (l_H)^2) + a_2((l_C)^2 - (l_F)^2)}{4(a_1 + a_2)c} \end{cases} \tag{3.3}$$

法国昂热大学的保罗·理查德（Paul Richard）等就是利用的此方法。消元法原理简单，实现容易，计算速度快。但是消元法的前提是方程组有解，在系统实际应用中，线绳的长度测量是有误差的。误差的来源也比较复杂，包括线绳缠绕在绳轮上造成缠绕半径变化影响改变编码器每个脉冲代表的长度值，还有线绳弹性造成的影响。对长度测量误差的研究将在本书第 5 章中详细论述，在此我们只需要明确，系统中线绳的长度测量是有误差的，而且具有随机性。不准确的线绳长度值使

得方程组其实是无解的，消元法的应用没有考虑到这一点。然而，根据式（3.3），有了4个线绳长度值，我们确实可以得到一组唯一的末端位置值，也是一个合格的算法。算法的准确性需要进一步理论分析和实践检验，分析线绳误差对最终计算结果的影响，得到如下误差公式：

$$\begin{cases} \Delta x = \dfrac{\Delta l_C^2 + \Delta l_H^2 - \Delta l_F^2 - \Delta l_A^2}{4(a_1+a_2)} + \dfrac{2\Delta l_C l_C + 2\Delta l_H l_H - 2\Delta l_F l_F - 2\Delta l_A l_A}{4(a_1+a_2)} \\ \Delta y = \dfrac{\Delta l_A^2 + \Delta l_H^2 - \Delta l_F^2 - \Delta l_C^2}{8b} + \dfrac{2\Delta l_A l_A + 2\Delta l_H l_H - 2\Delta l_F l_F - 2\Delta l_C l_C}{8b} \\ \Delta z = \dfrac{a_1(\Delta l_A^2 - \Delta l_H^2 + 2\Delta l_A l_A - 2\Delta l_H l_H)}{4(a_1+a_2)c} + \dfrac{a_2(\Delta l_C^2 - \Delta l_F^2 + 2\Delta l_C l_C - 2\Delta l_F l_F)}{(4a_1+a_2)c} \end{cases} \tag{3.4}$$

式中，Δl_i 为长度测量绝对误差值，其余符号意义同上文。

（2）迭代法计算末端位置。为了合理利用测量得到的带有误差的线绳长度，提出了以迭代法进行力觉交互系统末端空间位置解算。首先以线绳长度误差平方和最小为目标，迭代计算末端位置。构造线绳长度向量为

$$f(s) = \begin{bmatrix} (x-a_1)^2 + (y-b)^2 + (z-c)^2 - l_F^2 \\ (x+a_1)^2 + (y-b)^2 + (z+c)^2 - l_C^2 \\ (x-a_2)^2 + (y+b)^2 + (z+c)^2 - l_A^2 \\ (x+a_2)^2 + (y+b)^2 + (z-c)^2 - l_H^2 \end{bmatrix} \tag{3.5}$$

式中，$s=[x,y,z]^T$，表示末端位置。线绳长度向量满足下式关系：

$$f(s+h) \approx f(s) + J(s)h \tag{3.6}$$

式中，$h=[\Delta x,\Delta y,\Delta z]^T$ 表示迭代步长；$J(s)$ 是线绳长度向量对末端位置的微分，可用式（3.7）表示。

$$J(s) = \frac{\partial f}{\partial s} = 2\begin{bmatrix} (x-a_1),(y-b),(z-c) \\ (x+a_1),(y-b),(z+c) \\ (x-a_2),(y+b),(z+c) \\ (x-a_2),(y+b),(z-c) \end{bmatrix} \tag{3.7}$$

在此基础上将目标函数定义为式3.8。迭代过程保证目标函数在SPIDAR框架可达空间内趋向于最小。

$$F(s) = f(s)^T f(s) \tag{3.8}$$

根据式（3.6）和式（3.8），存在

$$F(s+h) \approx f(s)^T f(s) + 2h^T J(s)^T f(s) + h^T J(s)^T J(s)h \tag{3.9}$$

$$\frac{\partial F(s+h)}{\partial h} \approx 2J(s)^T f(s) + 2J(s)^T J(s)h \tag{3.10}$$

$$\frac{\partial^2 F(s+h)}{\partial h^2} \approx 2J(s)^{\mathrm{T}}J(s) \tag{3.11}$$

根据式（3.10）和式（3.11），如果 J 满秩，则 h 是 $F(s+h)$ 的唯一最小解。迭代步长 h 使用下式求解：

$$h = -[J(s)^{\mathrm{T}}J(s)]^{-1}J(s)^{\mathrm{T}}f(s) \tag{3.12}$$

迭代解算方法根据检测到的线绳长度逐渐趋向于线绳长度误差平方和最小，具有结构简单、容易实现、稳态特性好等特点。

（3）两种算法结果比较。通过仿真方法对末端位置计算的两种方法进行对比研究，模拟在操作者手指带动下，力觉交互设备末端沿向量（1,1,1）方向运动60cm，线绳长度设定3%以内误差，以模拟真实测量情况。两种算法的仿真结果如图3.17、图3.18所示。

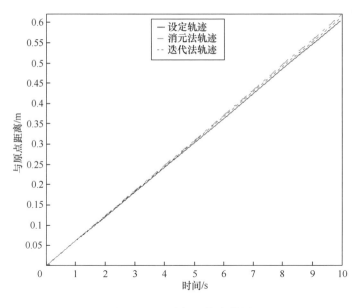

图 3.17　运动轨迹仿真结果

从仿真结果看出，在人手操作范围内，迭代法的精度要高于消元法。精度的提高主要体现在绝对误差的减小，由 13mm 减小到了 6mm 左右。迭代法对提高力觉交互设备末端位置计算精度有很好的作用。

2. 绳驱并联机构运动学

绳驱并联机构具有可重构性，针对具体应用，电动机与绳索的布置形式有多种选择。图3.19为一种四绳索三自由度并联机构简图，东京大学的 SPIDAR 多指力

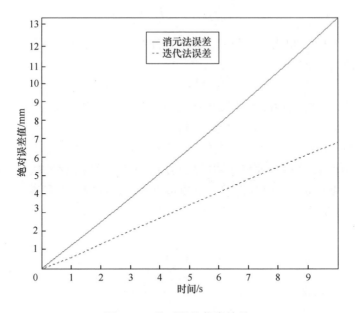

图 3.18　绝对误差仿真结果

觉交互系统就采用了类似结构（Z 轴水平）。此种结构为不完全约束形式，为了维持线绳张紧，需要有外力施加到 Z 轴的负方向，当 Z 轴垂直向上时，次外力通常为末端执行器的重力。为了描述末端执行器的位置，在静平台的中心建立全局坐标系。四根绳索与静平台的连接点分别为 A_1、A_2、A_3、A_4，绳索末端执行器的位置 Q 在全局坐标系中的位置为

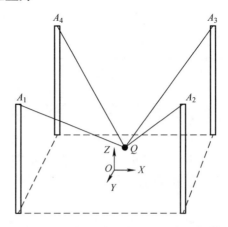

图 3.19　一种四绳索三自由度并联机构简图

$$Q = [x, y, z]^T \tag{3.13}$$

通过改变电动机的转角就可以改变绳索的长度（l_i, $i=1$、2、3、4），进而控制末端执行器的运动，此时绳索的长度和末端位置 p 的关系可以写为

$$[l_1, l_2, l_3, l_4] = [\parallel p - A_1 \parallel, \parallel p - A_2 \parallel, \parallel p - A_3 \parallel, \parallel p - A_4 \parallel] \tag{3.14}$$

令 $t_i = t_i e_i$ 表示第 i 根绳索上的拉力矢量，其中 t_i 代表绳索拉力的大小，e_i 代表第 i 根绳索上拉力的方向，$i=1$、2、3、4，对上式求导可以得到末端速度和绳索速度之间的关系为

$$[\dot{l}_1, \dot{l}_2, \dot{l}_3, \dot{l}_4]^T = J^T \dot{p} \tag{3.15}$$

其中 $J = -[e_1, e_2, e_3, e_4]$，是将末端速度映射为线绳速度的雅可比矩阵。由经典力学定律得到动力学方程为

$$ET = m(\ddot{p} - g) \tag{3.16}$$

其中，$E = [e_1, e_2, e_3, e_4]^T = -J^T$，$T = [t_1, t_2, t_3, t_4]^T$，$m$ 为末端执行器的质量，$g = [0, 0, -g]^T$ 表示重力加速度矢量。若末端不位于过 A_1、A_2、A_3、A_4 的绳索引出面以上，则雅可比矩阵非奇异，绳索拉力可写为

$$T = mE^{-1}(\ddot{p} - g) \tag{3.17}$$

为避免绳索松弛，要保证 $T_i > 0$，$i = 1$、2、3、4。当末端静止时，可定义静态工作空间 SW 为

$$SW = \{ p \mid -mE^{-1}g > 0 \} \tag{3.18}$$

式中，$-mE^{-1}g > 0$ 代表等分量不等式，其形状是以 $A_i (i=1$、2、3、4$)$ 为顶点，且位于绳索引出面下方的竖直四棱柱。当末端运动时，绳索张紧条件仅取决于其位置和加速度。

3.3.2　动力学与力的分解

1. 交互力的分解

线绳式力觉交互系统的主要功能就是交互力的表现。其需要表现的交互力是计算机根据虚拟环境的交互情况生成的，系统控制器接收到虚拟力向量后需要根据力觉交互系统末端所处空间位置，进行力的分配，即每根线绳上分别应施加多大的拉力。再根据拉力值计算对应电动机所要提供的转矩，调节 PWM 信号。

需要表现的合力与各线绳应施加的分力关系可以表示如下：

$$f = \sum_{j=1}^{4} \alpha_j f_j \tag{3.19}$$

式中，f 表示实际合力矢量，f_j 表示第 j 根线绳上的张力，α_j 表示第 j 根线绳上的单位向量。

对合力做正交分解可以得到 3 个方程，由于含有 4 个未知数，因此存在多解的情况。为了得到特定解，加入约束条件：每次最多只能有三台电动机出力。易知，在立体空间中，末端相交于一点的 3 根线绳可以围成一个三棱锥（见图 3.20 中以 P_R 为顶点，$P_R B$、$P_R D$、$P_R G$ 为棱构成的三棱锥），4 根线绳可以将可达空间划分为 4 个三棱锥。当判断出合力矢量位于哪个三棱锥后，就可以在所属三棱锥的 3 根线绳上做直接分解，而另外一根线绳上不分配张力（见图 3.20）。这样不但得到了特定解，还能节省能量。

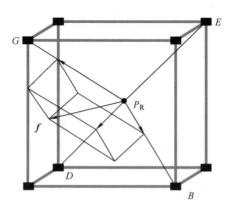

图 3.20　力分解算法

判断力向量 f 所属三棱锥的方法如下：求出 4 个三棱锥侧面法向量（方向指向棱锥内部），共 12 个，如果某个棱锥的 3 个侧面法向量与 f 夹角均小于 90°，则向量 f 属于此三棱锥。以组成此三棱锥的线绳作为施力绳，另一根线绳不分配张力。

也可能出现这样两种情况（见图 3.21）：向量 f 与某根线绳指向重合，则在此根线绳施加力 f，其余线绳不出力；向量 f 与某个棱锥侧面法向量夹角正好为 90°，则将虚拟力分配到此侧面的两个棱边，另两根线绳不出力。

需要注意的是，这里讲某些线绳上不分配张力，并不意味着此线绳上的张力为零。实际上，为了实现末端位置检测的功能，所有的线绳都应该是随时张紧的，不能有松弛，这就需要在每根线绳上施加一定的拉力，称为预紧力。所有的线绳上的预紧力大小都是相等的，而且一直存在，所以交互力分配完成后每根线绳上的实际张力大小等于预紧力加上交互力的分力。预紧力不能太小又不能太大，太小了容易造成松弛，太大了又会造成电动机有效拉力的降低，应该在保证线绳时刻拉紧的前提下取较小值。另外，预紧力的大小还会影响力觉交互设备的结构刚度，进而影响系统可以表现的虚拟刚度大小，本书的第 4 章中将讨论这一问题。

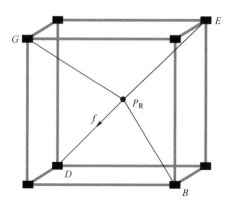

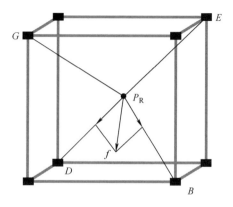

图 3.21　虚拟力只需一根或两根绳提供的情况

2. 动力学建模方法

（1）牛顿欧拉方法。牛顿欧拉方程能够求出系统各部件的受力关系，物理意义明确，但是由于方程含有内力项，要消除约束力较为繁琐，因而限制了牛顿欧拉方程的应用。

假设物体质量为 m，物体质心在空间的位置矢量为 r，加速度为 a，物体绕质心转动的角速度为 ω，角加速度为 ε。此时由牛顿方程可得

$$F = ma \qquad (3.20)$$

作用在物体上的力矩 M 可由欧拉方程求得，即

$$M = I_r \varepsilon + \omega \cdot I_r \omega \qquad (3.21)$$

式中，I_r 为转动惯量。

（2）拉格朗日方法。拉格朗日方程是绳驱并联机构动力学建模最常用的方法之一。拉格朗日方程不需要计算作用在绳驱并联机构各个构件上的惯性力、离心力

等量，只需要通过绳驱并联机构系统的动能与势能变化和广义力即可建立绳驱并联机构动力学方程。由于拉格朗日方程是基于能量来建立绳驱并联机构的动力学方程，与其他方法相比，拉格朗日方法不易出错。为了建立绳驱并联机构的运动方程，将绳驱并联机构系统的动能与势能之差定义为拉格朗日函数，其中 T 为系统的动能，U 为系统的势能。描述系统运动的拉格朗日方程即可定义为

$$L = T - U \tag{3.22}$$

$$\frac{\mathrm{d}}{\mathrm{d}t}\left(\frac{\partial L}{\partial \dot{q}}\right) - \frac{\partial L}{\partial q} = F \tag{3.23}$$

式中，F 表示力，q 表示位移。

对一个绳驱并联机构系统，可通过如下步骤利用拉格朗日法建立绳驱并联机构动力学方程：

1）选取一组独立且能够完全描述系统的广义坐标分析求解系统的动能和势能，通过式（3.22）求拉格朗日函数。

2）选定系统的广义力。

3）将拉格朗日函数及广义力等量代入式（3.23）求解动力学方程。

（3）凯恩方程。凯恩方程是通过对系统进行矢量分析来建立系统的动力学方程，它是建立在广义主动力、广义惯性力的基础上的。凯恩方程利用广义速率而不是广义坐标作为系统的独立变量，其可描述为作用在系统上的广义主动力与广义惯性力之和。利用拉格朗日方法求解系统动力学模型时需要进行求导运算，而凯恩方程法则不需要，只需计算矢量的叉积和点积，因而具有更高的计算效率。

（4）虚功原理。利用虚功原理建立绳驱并联机构的动力学模型时，可以将绳驱并联机构的末端执行器位姿选为系统的广义坐标，通过消除关节惯量和约束力而使绳驱并联机构运动方程的形式更为简洁。

除以上方法外，常用的动力学建模方法还有哈密顿原理等，有时也可以采用多种方法结合起来对绳驱并联机构进行动力学建模，从而提高使用单一方法的效率，如可以把有限元分析牛顿－欧拉方法和拉格朗日方法结合在一起使用。

利用拉格朗日建模方法，绳索牵引并联机器人的动力学方程可以表示为

$$M(X)\ddot{X} + C(X,\dot{X})\dot{X} + G = J^{\mathrm{T}}T \tag{3.24}$$

式中，$M(X) \in R^{n \times n}$（实数域 n 阶矩阵）是动平台惯性矩阵；$C(X,\dot{X}) \in R^{n \times n}$ 是科里奥利矩阵；$G \in R^{n \times n}$ 是重力向量；$J^{\mathrm{T}} \in R^{n \times n}$ 表示机器人雅可比矩阵的转置；$T \in R^{n \times n}$ 是绳索张力向量；X 为位姿。

驱动装置动力学方程可以表示为

$$I_{\mathrm{mt}}\ddot{\theta} + F_{\mathrm{vt}}\dot{\theta} + F_{\mathrm{ct}}\mathrm{sign}(\dot{\theta}) + NT = u \tag{3.25}$$

式中，I_{mt}、F_{vt}、$F_{ct} \in R^{n \times n}$ 分别表示驱动装置惯性矩阵、黏滞摩擦系数矩阵和库伦摩擦系数矩阵；$u \in R^{n \times 1}$ 是驱动器输出力矩向量；N 是传动比向量；T 为转矩。$\mathrm{sign}(\dot{\theta})$ 为角度变化率的符号函数。

考虑到减速比的影响，式（3.25）可以进一步表示为

$$I_{\mathrm{m}}\ddot{q} + F_{\mathrm{v}}\dot{q} + F_{\mathrm{c}}\mathrm{sign}(\dot{q}) + NT = u \tag{3.26}$$

式中，$I_{\mathrm{m}} = I_{mt}N^{-1}$，$F_{\mathrm{v}} = F_{vt}N^{-1}$，$F_{\mathrm{c}} = F_{ct}N^{-1}$，$N^{-1}$ 表示传动比向量 N 的逆矩阵。

综上所述，完整动力学模型可以表示为

$$N(J^{\mathrm{T}})^{-1}(M(X)\ddot{X} + C(X,\dot{X})\dot{X} + G) + I_{\mathrm{m}}\ddot{q} + F_{\mathrm{v}}\dot{q} + F_{\mathrm{c}}\mathrm{sign}(\dot{q}) + \Delta(q,\dot{q}) = u \tag{3.27}$$

式中，$(J^{\mathrm{T}})^{-1}$ 表示 J^{T} 的逆矩阵，$\Delta(q,\dot{q}) \in R^{m \times 1}$（实数域 m 阶列向量）是一个由干扰或为建模动力学引入的广义的有界输入向量。

3. 动力学方程的求解

绳索牵引并联绳驱并联机构的动力学方程是一个非线性二阶微分方程，求解绳索牵引并联绳驱并联机构的正动力学解的关键就在于求解这样一个二阶微分方程。对于简单系统的动力学微分方程，我们可以给出该方程的解析解。然而对于复杂的动力学方程，由于该方程具有强耦合和高度的非线性，我们很难获得方程的解析解，因此将采用数值解来近似。

数学上求解微分方程的方法均可用来求解动力学方程。目前大多数方法都是通过对微分方程进行离散化，在满足精度要求的情况下，采用迭代方法来获得稳定的数值解，如泰勒展开式法、欧拉方法和龙格-库塔方法等。

设微分方程为

$$\frac{\mathrm{d}y}{\mathrm{d}t} = f(x,y) \tag{3.28}$$

将 $y(x_{i+1})$ 在 x_i 点做泰勒展开，可得

$$y(x_{i+1}) \approx y(x_i) + h\dot{y}(x_i) + \cdots + \frac{h^p}{p!}(y(x_i))^{(p)} \tag{3.29}$$

式中，h 是两点距离，p 是展开阶次。

当 $p=1$ 时，可得欧拉方法的计算公式为

$$y(x_{i+1}) = y(x_i) + h\dot{y}(x_i) \tag{3.30}$$

由于方法只取展开式的前两项得到的方程一般较为复杂，因而精度较低。为了提高精度，可以在式（3.29）中多取几项，然而这需要计算高阶导数，方法比较复杂。因此本书将采用龙格–库塔方法。

龙格–库塔方法可以理解为在步长区间内取多个点的导数值进行加权平均，以加权平均值作为整个区间内的导数进行计算，从而避免了求高阶导数，又提高了计算方法的精度，一般方法的形式为

$$y_{i+1} = y_i + hf_i$$

$$f_i = \frac{\sum_{p=1}^{v} w_p f_p}{\sum_{p=1}^{v} w_p} \tag{3.31}$$

式中，w 为加权因子，v 为所取点的数目，也代表方法的阶数。对于四阶龙格–库塔方法，取 $v=4$。

$$\begin{cases} f_1 = f(x_i, y_i) \\ f_2 = f\left(x_i + \dfrac{h}{2}, y_i + \dfrac{h}{2}f_1\right) \\ f_3 = f\left(x_i + \dfrac{h}{2}, y_i + \dfrac{h}{2}f_2\right) \\ f_4 = f(x_i + h, y_i + hf_3) \end{cases} \tag{3.32}$$

对于高阶微分方程组，可将其转化为一阶方程组。设 m 阶的微分方程如下：

$$y^{(m)} = f(x, \dot{y}, \ddot{y}, \cdots, y^{(m-1)}) \tag{3.33}$$

令 $y = y_1$，$\dot{y} = y_2$，$\cdots$，$y^{(m-1)} = y_m$ 可将式（3.33）所示的 m 阶微分方程组转化为 m 个一阶微分方程，即

$$\begin{cases} \dot{y}_1 = y_2 \\[4pt] \dot{y}_2 = y_3 \\[4pt] \quad\vdots \\[4pt] \dot{y}_m = f(x, y_1, \cdots, y_m) \end{cases} \tag{3.34}$$

上述微分方程组即可采用龙格－库塔等方法进行求解。对于多自由度系统，系统的动力学方程一般是二阶微分方程组，通过上述方法可将二阶微分方程组转化为一阶方程组进行求解。

3.3.3　交互力工作空间分析

当操作者指端处于空间中的某些区域时，针对某些方向上的虚拟力，进行力分解时可能会有无解的情况。在另外一些情况下，即使我们可以计算出各根线绳所需要提供的拉力，但实际操作中电动机和线绳并不一定能提供我们所需的力。下面的部分将分析出现这些情况的原因，进而引出工作空间、力觉空间的概念。

1. 工作空间描述

力觉交互机构的工作空间可以分为两种：一种是可达空间，是位置可测量并且用户指端可到达的空间点的集合；一种是力觉空间，是系统可以提供任意方向的作用力的点的集合。两种空间的交集就是通常所定义的工作空间。通常，针对所研究的线绳式力觉交互系统，可认为可达空间与系统的立体结构一致，而理想的力觉空间是一个四面体（见图 3.22），并且四面体的面不属于此空间。

因为当手处于四面体表面或外部时，根据力的分解原理，向外的力是不属于任一个三棱锥的，所以合力无法生成，这就出现了方程组无解的情况。即使在此四面体内部，设备也并不能提供任意大小任意方向的力。因为电动机的输出力是有限制的，线绳的可承受拉力也是有限制的。通常电动机的最大输出小于线绳的可承受拉力，因此成为限制系统力觉空间的主要因素。根据平行六面体法则可以直观看到，电动机输出力一定的情况下，三根线绳的最大合力是一定的，而且只出现在特定方向，其他方向的合力会更小。

在空间中的很多地方，系统不能提供我们所需要的力。如果不提前加以分析，在实际操作中就有可能造成失真，严重时还会有力的突变，造成系统崩溃，甚至危害系统使用者。因此我们需要深入分析线绳式力觉交互机构在空间中的力觉性能，避免使用不当，同时研究影响力觉空间的因素，为机构设计改进提供支持。

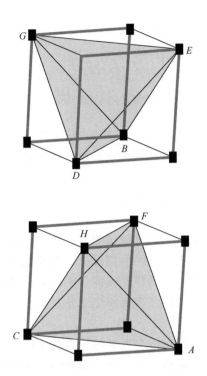

图 3.22　线绳式力觉交互系统理想的力觉空间

2. 力觉空间划分方法

为了描述力觉交互机构性能，可以这样划分力觉空间：已知电动机能提供的最大输出力为 T 牛顿，如果在空间某点，系统可以生成方向任意的、大小为 nT 牛顿的力（$n>0$），就认为此空间点属于 n 级力觉空间。所有满足上述条件的点集就构成了 n 级力觉空间，n 级代表了在此空间内力觉交互机构的性能。

昂热大学的保罗·理查德（Paul Richard）等人给出了平面两自由度线绳式力觉交互机构的工作空间划分，但未给出具体算法。为了全面划分线绳式力觉交互机构的力觉空间，需要确定每一个空间坐标点所属性能级别，在此给出两种方法。

（1）分解法。针对操作空间内任一点和特定的性能 $n_1 T$，首先假定一方向，按第一部分所给方法进行力分解，判断各分力是否都小于最大输出力 T，如果在所有方向上，分力均小于 T，则可确定此点属于 n_1 级工作空间。

（2）合成法。根据力合成的平行六面体法则，形成的合力必定在此六面体内，找出点到三个相对面的最短距离。四根线绳可以形成四个平行六面体，对每一个六面体都可以找出定点到相对三个面的最短距离，距离与 T 的比值就是此点所属工作空间的级别。

3. 力觉空间计算结果

假设线绳式力觉交互系统框架边长为 $3\,\mathrm{m}$，分别用上节所介绍的两种方法确定系统的 0.5 级力觉空间。由图 3.23 中可以看出，两种方法求取结果基本一致，并且都在理想力觉空间内。

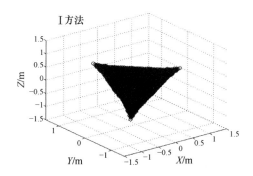

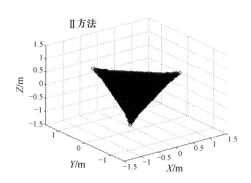

图 3.23　两种方法求取的 0.5 级力觉空间

分别求出 0.4 级、0.5 级、0.6 级和 0.8 级力觉空间范围，所得结果如图 3.24 所示。（下面所用计算结果如无特殊说明，均根据力分解方法求得。）

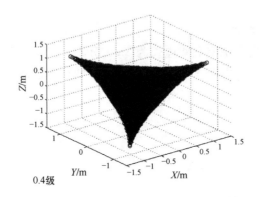

0.4级

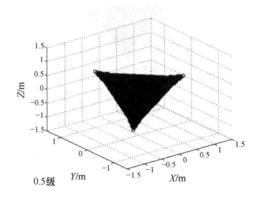

0.5级

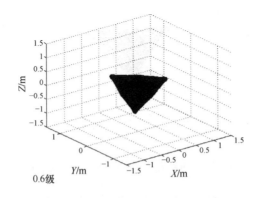

0.6级

图3.24 四级力觉空间范围

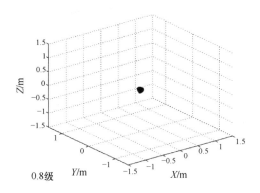

图 3.24　四级力觉空间范围（续）

为了考察系统框架大小对力觉空间的影响，我们将系统边长减为 2m，求取其各级力觉空间。图 3.25 中给出了 0.4 级力觉空间，其范围与边长 3m 框架的 0.5 级力觉空间相近。

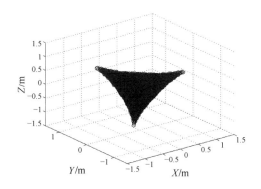

图 3.25　系统边长为 2m 时 0.4 级力觉空间范围

3.3.4　控制算法

对绳驱并联机构的控制有关节空间控制、工作空间控制和计算力矩控制三种。绳驱并联机构的关节空间控制是在已知末端执行器沿期望位姿轨迹时，通过在每个瞬时求解逆运动学来获得期望的关节轨迹，利用控制策略来确定跟踪关节运动轨迹所需要的关节力矩。绳驱并联机构的工作空间控制是在末端执行器的工作空间中解决控制问题。因为直接给定了末端执行器的期望轨迹，因而在工作空间控制中不需要求解运动学逆解，可以直接根据末端执行器的位姿来确定控制策略。下面将采用工作空间控制对绳索牵引并联绳驱并联机构进行动力学控制。

绳索牵引并联绳驱并联机构动力学方程的一般形式为

$$M\ddot{q}_e + C\dot{q}_e + N = -J^{\mathrm{T}}T_B$$

$$T_A = \left[\|F_{A1}\|, \cdots, \|F_{A6}\|\right]^{\mathrm{T}} \tag{3.35}$$

式中，q_e 是绳索并联机器人的位姿变量，T_A 为绳索牵引张力，T_B 为绳索连接点张力，J 为雅可比矩阵，M 是机器人惯性矩阵，C 为刚度矩阵，N 为传动比矩阵，F_{A1}、$\cdots$、F_{A6} 是每一根绳索上的张力。

当给定绳索牵引并联绳驱并联机构末端执行器的期望运动规律时，可由绳驱并联机构的动力学方程获得绳索牵引并联绳驱并联机构的期望输入力为

$$T_A = \left[\|F_{A1}\|, \cdots, \|F_{A6}\|\right]$$

$$T_B = -J^{-\mathrm{T}}(M\ddot{q}_e + C\dot{q}_e + N) \tag{3.36}$$

若直接输入绳索牵引并联绳驱并联机构的期望作用力，由于绳驱并联机构的当前状态未作用于控制输入，则这种控制属于开环控制的情况。当系统出现初始误差时，开环控制则不能修正该误差，因而需要在控制中引入反馈变量。

为了评价末端执行器的实际运动轨迹与期望运动轨迹之间的偏差，定义末端执行器的跟踪误差为

$$e = q_\varepsilon - q_\varepsilon^d \tag{3.37}$$

式中，q_ε 为实际位姿，q_ε^d 为期望位姿。

计算力矩控制是在给定末端执行器当前的实际位置和速度的情况下，消除所有的非线性量，并施加适当的力矩来克服系统的惯性。

计算力矩控制器的控制规则是：

$$u = T_A$$

$$T_B = -J^{-\mathrm{T}}(M(\ddot{q}_\varepsilon - k_p e - k_v \dot{e}) + C\dot{q}_\varepsilon + N) \tag{3.38}$$

式中，k_p 为比例系数，k_v 为微分系数，q_ε 为期望位置，其他符号意义同前。矩阵 k_p、k_v 都是正定对称的常量矩阵。图 3.26 为控制规则框图。

计算力矩控制器通过非线性补偿将一个复杂的非线性动力学控制问题转化为一个简单的线性控制问题。

图 3.19 所示的四绳索三自由度并联机构的动力学方程，当对绳索牵引并联绳驱并联机构施加图 3.26 所示的控制输入时，可得到误差方程为

$$M = (\ddot{e} + k_v \dot{e} + k_p e) = 0 \tag{3.39}$$

式中，符号意义同前。

由于绳索牵引并联绳驱并联机构的惯性矩阵是正定的，因而由上式可以得到闭环系统的误差方程形式如下：

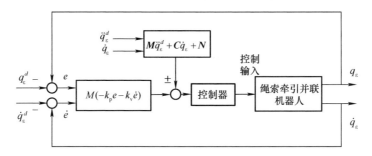

图 3.26　控制规则框图

$$\ddot{e} + k_v \dot{e} + k_p e = 0 \qquad (3.40)$$

式中，符号意义同前。

式（3.40）是末端执行器的实际轨迹与期望轨迹之间误差的线性微分方程。可以看出计算力矩控制器实现了绳索牵引并联绳驱并联机构系统的反馈线性化。

由式（3.38）可以看出计算力矩控制规则包含两部分，即驱使系统沿期望轨迹运行所需的力矩和消除末端执行器轨迹跟踪误差所需要的补偿力矩。前者为前馈分量，后者为后馈分量。由于计算力矩控制包含了实际状态的反馈补偿项，因而计算力矩控制能够拥有更好的控制性能。

由于系统的线性化局部决定了整个系统的稳定性，因而这类的线性控制器能够保证系统的局部稳定。

下面举一个比例微分（PD）控制的例子。

PD 控制通过不断对实际值与期望值之间的差值进行比例与微分预算直至误差减小到期望值。对于式（3.38）所示的绳索牵引并联绳驱并联机构的控制规则，PD 控制器的控制规则见式（3.41），控制框图如图 3.27 所示。

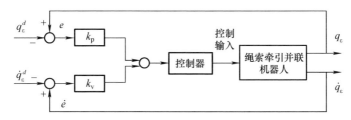

图 3.27　PD 控制框图

$$u = T_A$$
$$T_B = \boldsymbol{J}^{-\mathrm{T}} \left(k_p e + k_v \dot{e} \right) \qquad (3.41)$$

式中，k_p 为比例系数，k_v 为微分系数，其他符号意义同前。

3.4 本章小结

  本章讨论了力觉交互在虚拟现实系统内的作用，并综合分析了现有的一些力觉交互设备，总结了力觉交互系统的评价指标。针对沉浸式虚拟现实系统中的双指力觉交互需要，设计实现了线绳式大操作空间双手力觉交互系统，并介绍了其组成结构和功能的实现。所构建线绳式大操作空间双手力觉交互系统在力觉交互性能的各项评价指标方面都有不错的表现，尤其是操作空间和对立体视觉感知的影响有着明显的优势。

  本章针对系统末端位置检测和计算提出了迭代计算法，在线绳长度测量存在误差的前提下，相比直接消元法有着更高的计算精度。基于能量最省原则，提出了虚拟力在各根线绳上的分配算法，易于实现，准确度高。对系统的交互力工作空间进行了分析，对判断空间特定位置属于哪一级力觉空间提出了两种方法，并利用其对系统的力觉工作空间进行了划分。对力觉交互空间计算结果进行讨论，我们可以得出以下结论：级别越高，力觉空间范围越小；高级别力觉空间是低级别力觉空间的子集；系统力觉空间最高级别为 $\sqrt{6}/3$ 级，只有系统几何中心点属于这一级；电动机最大输出力越大，同一级别的力觉空间范围就越大；电动机距离越大，同级别力觉空间范围越大。这些结论对线绳式力觉交互系统的设计改进及其应用都有一定的指导意义。

参 考 文 献

［1］ CHOW K, COYIUTO C, NGUYEN C, et al. Challenges and design considerations for multimodal asynchronous collaboration in VR ［J］. Proceedings of the ACM on Human – Computer Interaction, 2019, 3 (CSCW): 1 – 24.

［2］ 马千里. 基于虚拟仿真的遥操作系统人机交互研究 ［D］. 上海: 上海应用技术大学, 2023.

［3］ 谢超阳. 基于肌电信号评估的虚拟力反馈交互技术研究 ［D］. 广州: 华南理工大学, 2022.

［4］ 叶丽丽. 非传统交互方式在教育游戏中的应用探索 ［D］. 杭州: 杭州师范大学, 2021.

［5］ 张静, 徐亮, 刘满禄, 等. 基于分布式系统的虚拟力感知与交互技术 ［J］. 传感器与微系统, 2019, 38 (05): 38 – 41.

［6］ 王旭东. 空间机械臂遥操作末端接触力预测仿真技术研究 ［D］. 北京: 北京邮电大学, 2022.

［7］ 曾欣. 新型力反馈手控器的设计及应用 ［D］. 南京: 东南大学, 2020.

［8］ 吕翀. 基于电刺激的虚拟现实力反馈技术研究 ［D］. 广州: 华南理工大学, 2020.

［9］ 王党校, 郑一磊, 李腾, 等. 面向人类智能增强的多模态人机交互 ［J］. 中国科学: 信息科学, 2018, 48 (04): 449 – 465.

［10］ GAO X, NIU J, LIU Z, et al. Influence characteristics of electrical parameters and vibration isolation properties of the stretcher system based on parallel mechanism and self – powered magneto – rheological damper ［J］. Journal of Vibration and Control, 2020, 26 (7 – 8): 552 – 564.

［11］ 谢海龙. 集成力反馈的机器人砂带抛光虚拟示教关键技术研究 ［D］. 广州: 华南理工大学, 2018.

［12］ 倪得晶. 面向空间机器人遥操作的环境建模与人机交互技术研究 ［D］. 南京: 东南大学, 2018.

［13］ LEAL – NARANJO J, WANG M, PAREDES – ROJAS J, et al. Design and kinematic analysis of a new 3 – DOF spherical parallel manipulator for a prosthetic wrist ［J］. Journal of the Brazilian Society of Mechanical Sciences and Engineering, 2019, 42 (1): 74 – 78.

［14］ 卜令瑞. 基于虚拟现实技术的一指禅推法力觉交互研究 ［D］. 济南: 山东中医药大学, 2016.

［15］ 江宜舟. 一种用于柔性触觉传感器的力觉标定与滑觉加载系统 ［D］. 合肥: 合肥工业大学, 2016.

［16］ 宋爱国. 人机交互力觉临场感遥操作机器人技术研究 ［J］. 科技导报, 2015, 33 (23): 100 – 109.

［17］ 钟斌, 张长齐, 郭恺琦, 等. 穿戴式绳驱外骨骼在脑卒中后康复中的应用及前景 ［J］. 中国康复医学, 2020, 35 (08): 907 – 911, 953.

［18］ 张旭阳, 邓立营, 王小永. 球磨机换衬机械臂运动学分析及仿真模拟 ［J］. 机电工程技

术, 2024, 53 (05): 38 – 42.

[19] 董玟君, 周焕银, 房鹏程. 机械臂运动学和动力学的李群表述 [J]. 科学技术与工程, 2024, 24 (14): 5872 – 5881.

[20] ABADI R N B, MAHZOON M, FARID M . Singularity – Free Trajectory Planning of a 3 – RPRR Planar Kinematically Redundant Parallel Mechanism for Minimum Actuating Effort [J]. Iranian Journal of Science and Technology, Transactions of Mechanical Engineering, 2019, 43 (4): 739 – 751.

[21] REZA M M, MASOUD G, A. A S M, et al. Rapid and safe wire tension distribution scheme for redundant cable – driven parallel manipulators [J]. Robotica, 2021, 40 (7): 2395 – 2408.

[22] 李海虹, 董晋安, 郭山国, 等. 动/静平台非一致型并联机构构型分析及设计方法 [J]. 机械工程学报, 2023, 59 (17): 116 – 125.

[23] 汪仕铭, 叶兵, 胡毅, 等. 自驱动关节臂坐标测量机结构参数标定 [J]. 合肥工业大学学报 (自然科学版), 2021, 44 (12): 1611 – 1616.

[24] JUNJIE G, WEI W, SIXU P, et al. Analytical Formula of Positive Position Solution of 2PPa – PSS 3 – Translational Parallel Mechanism with Low Coupling – degree and its Numerical Application [J]. JORDAN JOURNAL OF MECHANICAL AND INDUSTRIAL ENGINEERING, 2021, 15 (5): 419 – 429.

[25] 杨磊, 蒿润涛, 张棒, 等. 4RPS 并联机构的运动学及工作空间分析 [J]. 工程机械文摘, 2024 (03): 5 – 8.

[26] 李永泉, 张阳, 郭雨, 等. 两转一移冗余驱动并联机构构型综合新方法研究 [J]. 机械工程学报, 2019, 55 (23): 25 – 37.

[27] HUIPING S, YINAN Z, GUANGLEI W, et al. Kinematic design of a translational parallel mechanism based on sub – kinematic chain determined workspace superposition [J]. Proceedings of the Institution of Mechanical Engineers, Part C: Journal of Mechanical Engineering Science, 2021, 235 (24): 7534 – 7549.

第4章　力觉交互系统表现刚度

力觉交互系统的一个关键指标就是其能表现的虚拟物体最大刚度，当虚拟物体的刚度值大于力觉交互系统所能表现的最大刚度时，交互过程就会表现出较大的振动，或者称为不稳定。本章首先介绍了通常用来测试力觉交互系统表现刚度的虚拟墙实验，之后分析了完整的力觉交互系统各组成部分，包括操作者、力觉交互设备、虚拟环境及它们之间的接口。为了找出影响力觉交互设备刚度表现范围的因素，深入研究了数据采样系统的特性、作用力计算刷新率、位移传感器量化、力觉交互设备固有特性和操作者的行为特性等因素对系统的性能的影响。针对不同影响因素提出了一些相应的改进方法，相应的实验表明了方法的有效性。

4.1　力觉交互系统表现刚度和力觉交互系统模型

4.1.1　力觉交互系统表现刚度

力觉交互系统的一个关键性能指标是其能表现的虚拟物体最大刚度，通常以虚拟墙实验来衡量。虚拟墙实验的计算模型如图 4.1 所示。图中，HIP 代表力觉交互设备末端，其位置坐标 X_h、X_0 为虚拟墙边界的位置坐标，F_e 为虚拟力信号，当虚拟墙设定刚度为 K_e 时，虚拟力的计算式见式 4.1。

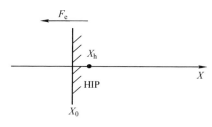

图 4.1　虚拟墙实验的计算模型

$$\begin{cases} F_e = K_e(X_h - X_0)\cdots X_h \geqslant X_0 \\ F_e = 0 \cdots X_h < X_0 \end{cases} \tag{4.1}$$

虚拟墙实验时，逐渐增加虚拟墙设定刚度，当设定刚度大于某一个值时，交互系统会出现振动，这个临界值就称为力觉交互系统的最大表现刚度。图4.2记录了某单自由度力觉交互设备在虚拟墙实验中振动和稳定的情况。

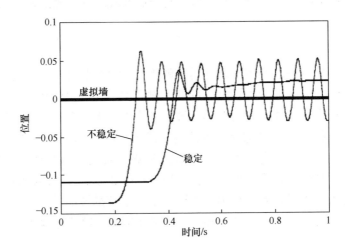

图 4.2　某单自由度力觉交互设备在虚拟墙实验中振动和稳定的情况

现实生活中，人在推一堵结实的墙时是无论如何不会发生这种振动的，而现有的所有力觉交互设备在模拟大刚度虚拟墙时都会出现这个问题。力觉交互的一个重大挑战就是如何能最大限度地模拟现实世界的交互情况，大刚度物体的交互模拟是其中的难点。为了实现这一目标，首先有必要对力觉交互系统的工作过程进行分析，找出可能的影响因素。

4.1.2　力觉交互系统模型

力觉交互设备是操作者与虚拟世界的接口，它和计算机接口共同作用，把操作者与计算机生成的虚拟世界联系起来。操作者通过力觉交互系统与虚拟世界交互的理想过程可以用图4.3来表示。对操作者，在大脑控制下，身体各部分协调配合，移动手指以感知虚拟世界，获得力觉反馈；力觉交互设备的末端与操作者手指共同运动，运动信息被编码器测得，通过计算机端口传递给虚拟世界，计算机根据设定的规则生成控制信号，控制电动机共同作用输出力信息。

整个系统共有三个组成部分：操作者、力觉交互设备和虚拟环境。系统方框图

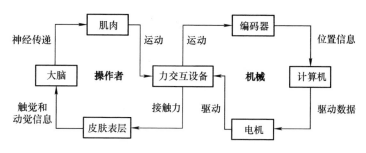

图 4.3　力觉人机交互示意图

如图 4.4 所示。图中 $x_h(t)$ 表明操作者空间位移是时间域连续的，$x_v(k)$ 表明虚拟环境中的位移是离散量，$F_v(k)$ 是虚拟环境输出力，$F_h(t)$ 是接触力。

图 4.4　力觉交互系统方框图

考盖特（Colgate）等人在分析影响力觉交互系统表现刚度范围因素的时候，针对单自由度力觉交互设备，建立了如图 4.5 所示的模型。

力觉交互设备本身通常可以认为是一个质量阻尼系统，不考虑力觉交互设备结构刚度，其物理模型如图 4.6 所示。m 和 b 分别为设备的等效平动质量和阻尼，F 为控制器输出力信号，x 为末端位移。

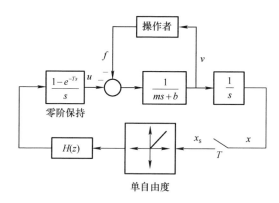

图 4.5　考盖特（Colgate）建立的单自由度力觉交互设备模型

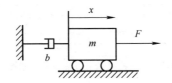

图 4.6　力觉交互设备物理模型

　　虚拟环境表明的是系统末端位移和交互力的关系，可以根据要模拟的场景进行设定，在此主要讨论虚拟墙模拟，可以当作比例环节。另外由于计算机控制系统是一个离散数字系统，会引入采样器和零阶保持器。

　　操作者的建模比较复杂，研究者们对此也有一些争论。针对不同的应用情况，有学者把操作者当为未知阻抗，也有人把它作为质量弹簧阻尼系统，本书将操作者分为两部分分析。一方面，操作者作为力觉交互过程的主导者，对系统起到了主动输入的作用。另一方面，计算机系统刷新速度大于人的主动调节速度，当振动发生时，操作者通常做的是张紧肌肉来对抗振动，操作者的作用与质量弹簧阻尼系统相似，与力觉交互设备共同作用，形成新的质量弹簧阻尼系统。

　　虚拟环境的输出力与操作者的主动输出力共同作用，可以描述为如图 4.7 所示的系统。图中，k、c 和 M 分别代表操作者有效弹性、阻尼和质量，F_h 为操作者主动输出力。其他符号意义同前。

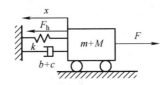

图 4.7　操作者与力觉交互设备共同作用物理模型

　　在本章接下来的部分中，将分别讨论力觉交互系统各个组成部分对系统表现刚度的影响，进而提出相应的改进措施。

4.2　采样系统对表现刚度的影响分析

　　前文提到，力觉交互系统从计算机控制的角度可以看作是一个数据采样系统：操作者和力觉交互设备执行器为连续时间系统，而力觉交互系统控制器和计算机生成的虚拟世界为离散时间系统。采样系统中的零阶保持器负责把前一个采样时刻的信号保持到下一个采样时刻。在力觉交互系统的一个采样周期（也是作用力计算周期）中，保持器使得设备末端位置的检测值总是滞后于操作者的实际位置值。图 4.8 表明采样环节对虚拟墙实验的影响。

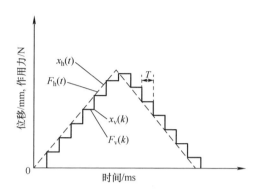

图 4.8　采样环节对虚拟墙实验的影响

　　图中描述了操作者指端进入虚拟墙和退出虚拟墙的整个过程，假设交互过程未发生振动，操作者手指匀速进入虚拟墙，又匀速退出。系统对操作末端的位置进行周期性的采样，采样周期为 T。系统的输出力 $F_v(k)$ 总是根据前一个采样点的位置数据计算得出，两个采样点之间保持不变。这就使得交互设备输出力以图中折线的方式变化，进入的过程中，总是小于理想值，退出过程中总是大于理想值。所谓理想值，就是人手与现实世界中的弹性体交互时，相同位移值所对应的弹性力，如图中虚线所示。

　　针对这种情况，可以用无源性理论进行分析。将力觉交互系统与虚拟环境看作是与操作者相连的单端口网络，如图 4.9 所示。

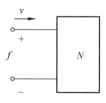

图 4.9　单端口网络表征的力觉交互系统与虚拟环境

　　为了方便起见，定义当能量流入系统时，速度 v 和作用力 f 的乘积为正数。假设系统在时刻 $t=0$ 时的初始能量为 $E(0)$，系统无源性的定义可以表述如下。

定义：一个初始能量为 $E(0)$ 的单端口网络系统是无源性的，当且仅当满足：

$$\int_0^t f(t)v(t)\,\mathrm{d}t \geqslant 0, \forall\, t \geqslant 0 \tag{4.2}$$

式中，$f(t)$ 和 $v(t)$ 为系统中所允许的作用力和速度。

从式（4.2）可以看出，一个无源性的系统在任何时刻都是消耗能量的，即能量总是从外界流向系统。如果一个虚拟环境是无源的，那么在人机交互过程中它就不可能传递能量给操作者，因而能够确保系统稳定性。

系统采样环节的影响使力觉交互系统变得有源，使得力觉交互过程变得不稳定。图 4.10 中阴影部分代表了多余的能量，能量大小为

$$E = T \times F \tag{4.3}$$

其中，T 为采样周期，F 为交互过程最大交互力。多余能量越大，交互过程越容易不稳定。采样频率越慢，采样周期越长，产生的能量越多。虚拟墙弹性越大，单位位移产生的交互力也越大，交互过程产生能量越多，这也说明了为什么随着虚拟刚度的提高，系统振动倾向也逐渐增大。

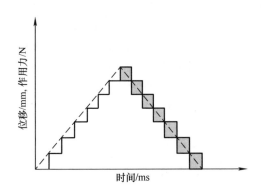

图 4.10　采样造成的多余能量

针对多余能量的产生，有两种解决办法：减少多余能量的产生或者加快多余能量的耗散。很明显，提高系统的采样频率、缩短采样周期能够起到减小能量产生的作用。但是由于虚拟环境的复杂性，交互力的计算生成总会需要一定的时间，采样频率不可能无限提高。因此，必须采取其他的措施加快能量耗散或减少多余能量的产生。

为了减少多余能量的产生，提出了位置预测方法。实现过程如下：在每一个采样时刻，同时记录下力觉交互设备末端进入虚拟墙的深度 $X_\mathrm{v}(k)$ 和此时的运动速度 $V_\mathrm{v}(k)$，将交互力 $F_\mathrm{v}(k)$ 设定为半个采样周期后的计算值，即

$$F_\mathrm{v}(k) = K_\mathrm{v} \cdot (X_\mathrm{v}(k) + T \cdot V_\mathrm{v}(k)/2) \tag{4.4}$$

式中，K_v 为虚拟墙设定刚度，T 为系统采样周期。如此，图 4.10 所示交互过程中产生的能量变为图 4.11 所示。

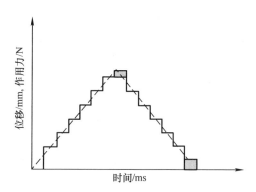

图 4.11　位置预测方法减少多余能量

从图中可以看出，位置预测方法可以明显减少力觉交互过程中多余能量的产生，对力觉交互的稳定性有积极意义。但是，此方法是基于位置预测的，而虚拟交互过程不可能都像图中所显示的那样匀速进行，速度的变化必然会引起能量的变化。还有一个问题就是，当力觉交互系统末端运动速度较低时，由编码器微分得来的速度值就会有较大的误差，对位置预测的准确性带来不确定因素。

加快多余能量的耗散，PO/PC 方法是一种常用的确保力觉交互系统无源性的方法。在系统离散时间域定义一个无源观察器（Passivity Observer，简称 PO），用以检测力觉交互系统的无源性。当发现系统向外输出能量时，则利用时变的元件来消耗输出的能量，耗能的元件称为无源控制器（Passivity Controller，简称 PC）。

4.3　操作者对表现刚度的影响

作为力觉交互系统中的重要组成部分，操作者既是触碰或操纵虚拟物体的主导者，也是虚拟环境力觉信息的被动感受者。了解人与虚拟环境进行交互时的方式与特性，对于避免或减轻力觉交互系统的振动，提高表现刚度具有非常重要的意义。作为主导者，人与虚拟环境的交互过程和人与现实环境的交互过程是一致的；作为被动感受者，当交互发生振动时，操作者表现为机械阻抗。

4.3.1　操作者的主动性在力觉交互中的作用

对人类个体而言，完成一个协调的动作是一个由神经、肌肉和骨骼共同参与的复杂过程。如最简单的抓取物体行为中，人首先伸展手指来接触物体，然后握住物体。手指伸展的程度取决于物体的尺寸，而弯曲手指握住物体的作用力取决于物体的重量和柔软度。在这个抓取行动中，人的肩、肘和手腕需要首先克服手臂的自重，然后再补偿物体的重量。在整个过程中，无论身体如何运动，他需要时刻保持自身的平衡。人的中央神经系统中，控制骨骼肌肉运动的神经元可以用一个层次结构的组织来描述，如图 4.12 所示。这个层次结构包括最高层、中间层和局部层。当开始一个运动时，层次结构中的最高层首先生成一个意图（如捡起一件毛衣等）。然后信息从最高层的指令神经元传递给运动层次结构中的中间层神经元，再由中间层确定完成所意图的任务需要哪些身体姿势和运动。如捡起毛衣的过程中，中间层调整指令来控制个体倾斜身体，伸展手臂和手接近毛衣，然后转移身体重量以保持身体平衡。中间层由感觉运动大脑皮层、小脑、基底核、丘脑和脑干组成，这些部位之间存在着广泛的相互连接。在中间层神经元接收到高级层指令神经元传递来的信号的同时，它们也接收来自肌肉、肌腱、关节和皮肤等身体各部位感受器的信息以及来自前庭器官和双眼的信息。这样中间层能够获知身体的初始位置信息和意图动作所处的外界环境信息，并将这些信息与指令神经元的信息融合生成运动控制程序，即完成意图动作所必需的一系列神经活动。运动控制程序的信息由下行路径传递给运动控制层次结构的最底层即局部层。局部层包括运动神经元和中间神经元，它们最终直接实现意图的动作。在运动实现过程中，运动控制程序会不断地

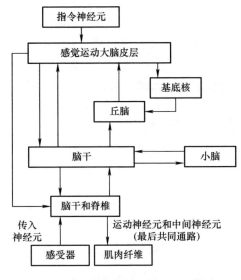

图 4.12　控制骨骼肌肉运动的神经元

调整以便顺利地完成意图的运动。随着运动执行的开始，运动控制中间层会继续接收关于身体位置的传入信息（本体感受）。如在前述的捡起毛衣的任务中，如果毛衣是潮湿的而且其重量大于人事先想象中的重量，那么运动控制程序会不断地修正所需要施加的作用力。

下面分析操作者通过力觉交互设备与虚拟墙接触的过程。上一次采样时，操作者指端与虚拟墙尚未接触，虚拟环境输出力为零，操作者输出力也为零。再一次采样时，系统检测到操作者指端与虚拟墙碰撞，深度为 vT，产生输出力 vTk。注意，此时操作者的输出力依然为零。如果操作者能够瞬间发出同样大小的力作用在力觉交互系统末端，那力觉交互过程稳定，不发生振动。只是操作者指端感受到阶跃递增的作用力，采样频率越慢，虚拟刚度越大，运动速度越快，阶跃值越大。

然而，人类的反应速度不可能有那么快，力觉交互系统突然输出的阶跃力大于操作者输出力，会引起设备末端和手臂的反方向运动，造成下一次采样时系统输出力减小或变为零（脱离接触），而此时又出现操作者输出力大于系统输出力，系统末端运动再次反向，振动由此发生了。

在与虚拟墙交互前，先让操作者体验特定刚度的压力弹簧，熟悉不同变形时所受到的作用力，然后再体验相应刚度的虚拟物体。此方法可以明显减少直接与虚拟墙交互时出现的振动。

4.3.2 操作者手臂的机械阻抗特性影响

研究者通常用机械阻抗来描述力觉交互过程中操作者的动力学特性。机械阻抗源于电路中的阻抗，并将其扩展用于描述作用力和运动量之间的关系，根据所选取的运动量，可分为位移阻抗（刚度）、速度阻抗（阻尼）和加速度阻抗（有效质量）三种。有很多力觉交互设备是基于操作者手臂设计的，因而研究者们对人手臂的阻抗特性，主要是刚度开展了广泛的研究。

当人的手臂在外力作用下偏离平衡位置时，肌肉骨骼等组织会产生一个作用力使其恢复初始位置。通过这个恢复作用力和手位置的变化，就可以确定手臂机械阻抗中刚度的大小。在穆萨 – 伊瓦尔迪（Mussa – Ivaldi）等人的实验中，被实验对象肩部通过护具和系带固定住，他们的右手握住一个双连杆实验装置的把手。被实验对象的手腕和手掌通过绷带与把手牢固相连，他们的肘部通过一个绳子吊住从而固定在一个水平面。实验过程中，被实验对象的右手被要求置于 5 个不同的位置（通过指示点确保位置的重复性），然后通过实验装置施加一个随机幅值（5mm 或者 8mm）和方向（0° 至 315° 每 45° 相隔的 8 个方向）的位移偏移干扰。这个位移偏移在 120ms 内完成，并保持 1.5s。这样通过测试被实验对象手臂的恢复作用力来获得机械阻抗值。图4.13为4个被实验对象右手处于不同位置（姿态）时所测得的手臂刚度系数。图中两段折线表示被实验对象上臂和前臂的位置示意，S表示人的肩部，A、B、C和D表示不同的被实验对象，而在手腕对应部位的椭圆称为刚度系数椭圆。这个椭圆的长轴表示此方向上被实验对象手臂的刚度系数最大，而在短轴表示此方向上的刚度系数最小。可以看出，人手臂的刚度系数受位置的影响。虽然不同的人类个体手臂机械阻抗中刚度系数在大小上存在差异，但是刚度系数椭圆的形状和方向却呈现一致。戈米（Gomi）和川人（Kawato）也进行了类似实验，并进一步测量了被实验对象手臂在横向运动和纵向运动中的刚度系数。

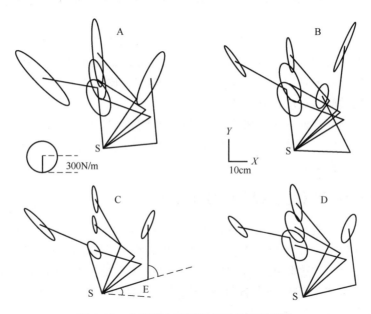

图4.13　人手臂在不同姿态时的刚度系数

研究表明，人可以通过手臂的张紧状态来提高机械阻抗，并且人手臂的机械阻抗能够在较大的范围内变化，比如人肘关节的刚度系统变化范围大约为 $2 \sim 400 N \cdot m/rad$。

比尔代（Burdet）和奥苏（Osu）等人研究对比了人在零作用力场和发散作用力场中手臂的运动特性。在实验中，被实验对象手与手腕与机械装置的把手相连，在水平面上完成远离身体的运动（从靠近身体的起始点到达远离身体的目标点，见图4.14a）。零作用力场没有对被实验对象手臂施加任何外力；而发散作用力场放大任何偏离起点到目标点直线上的运动。实验结果表明，在零作用力场情况下，被实验对象手臂的运动轨迹几乎为直线,除了存在由于运动输出可变性引起的轻微偏离(见图 4.14b),存在发散作用力场的情况下,被实验对象的手臂运动一开始呈现不稳定现象(从左边或者右边偏离目标点)。而随着实验次数的增多,被实验对象能够逐渐克服发散作用力场的影响,获得与零作用力场情况类似的运动轨迹(见图 4.14c)。随后在测定被实验对象手臂的刚度系数的实验中,在发散作用力场情况下,手臂刚度系数椭圆相对零作用力场情况下发生了形状和方向的改变,而且实验对象手臂刚度系数在发散作用力方向增加最大,表明人能够趋于选择性地增加不稳定作用方向的刚度系数。

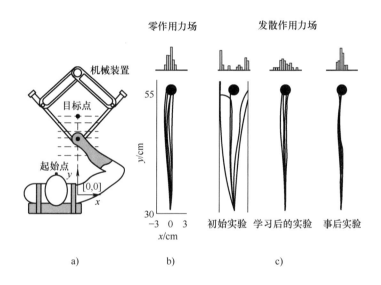

图 4.14 人手臂在发散作用力场作用下的运动

为考查操作者手臂阻抗对力觉交互过程的影响,做了这样的实验对比:两次实验虚拟墙设定为同样的刚度 5N/mm,操作者手臂弯曲情况保持一致,第一次实验时操作者手指和肩部连线平行于虚拟墙,第二次实验时手指和肩部连线垂直于虚拟墙。结果发现,第一次实验时出现了振动(见图 4.15),第二次实验实现了稳定交互(见图 4.16)。多次实验发现,当虚拟墙刚度提高到一定程度后,改变操作者手臂方向并不能使交互由振动变得稳定。表明操作者手臂阻抗的提高对力觉交互过程的振动倾向有抑制作用,但是虚拟刚度有一定的上限,而且不同的操作者有不同的上限值。

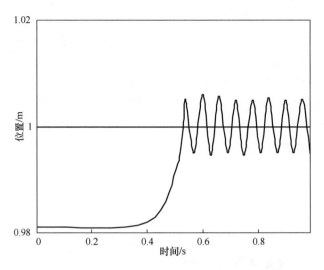

图 4.15　手指和肩部连线平行于虚拟墙的实验结果

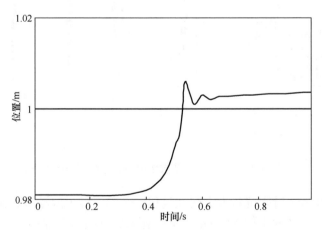

图 4.16　手指和肩部连线垂直于虚拟墙实验结果

4.4　系统弹性对表现刚度的影响

在分析影响力觉交互系统表现刚度的因素时，很少有人考虑机构弹性的影响。但对任何一个机械结构来说，受外力时都会有弹性变形，尤其是对线绳式力觉交互机构来说，弹性的影响格外大。

分析线绳式力觉交互设备结构可以发现，末端位置测量是通过线绳一端的编码器实现的。而把编码器和操作末端位置隔开的线绳是有弹性的，当线绳上施加的力发生变化时，线绳长度也会相应地发生变化。这就造成了末端位置检测精度的变化。虚拟墙交互实验时，在操作者指端与虚拟墙从不接触变为接触的转变过程中，线绳上的拉力突然增大，会引起长度的变化。假设此时操作者手指位置不变，线绳的伸长会被编码器记录下来，编码器读数变化会导致末端位置计算结果的变化。如果变化量较大，系统就会得到操作者指端已经脱离虚拟墙的错误结果，交互力变为零，线绳拉力减小。弹性作用下编码器反转，进而再次引起末端位置计算结果的变化，系统得到操作者指端重新与虚拟墙接触的结果，再次通过线绳施加交互力。交互力的时有时无，必然会引起末端振动。为了说明这个过程，以单自由度结构为例进行数学分析，三自由力觉交互系统与单自由度系统情况类似。如图 4.17 所示，指端进入虚拟墙深度 x，交互力大小为 $k_v x$，力觉交互设备变形量为 x'。如果虚拟墙刚度大于弹簧刚度，则 x' 大于 x。

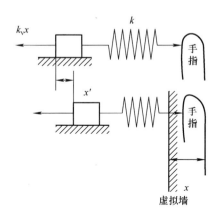

图 4.17 力觉交互设备弹性引起
施力时位置检测误差

由上述分析可知，力觉交互系统弹性有可能会造成交互过程的振动，而且振动发生在虚拟刚度大于力觉交互设备刚度时。力觉交互系统机构本身的弹性，就是能表现的虚拟刚度最大值。为了提高系统表现刚度，必须努力增大结构刚度。

线绳式机构的刚度影响因素有很多，研究者们曾针对不同结构进行了探讨。哈尔滨工程大学的王克义等人分析了绳索牵引并联机器人的静态刚度，得出刚度与绳索拉力、绳索拉伸刚度、绳索布置方案等有关。作者针对三自由度线绳式力觉交互系统刚度进行了分析实验。在机构布局一定情况下，提高线绳预紧力，可以提高机构的整体静态刚度，但是当预紧力大于一定值时，机构刚度值不再发生明显变化。虚拟墙实验也表现出同样趋势，线绳预紧力大于 0.9N 之后，在系统 X 轴方向的表现刚度不再明显提高，如图 4.18 所示。此时限制系统能表现的最大虚拟刚度的主要因素不再是设备本身的刚度。

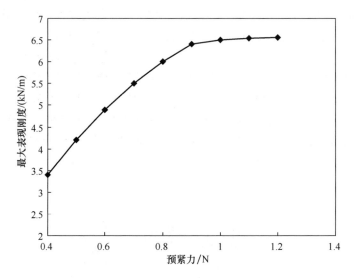

图 4.18　线绳预紧力与系统最大表现刚度关系曲线

4.5　位移量化误差对力觉交互过程稳定性的影响

绳索驱动力觉交互设备，采用电磁式旋转编码器来测量位移量，这是一个量化过程：把一个模拟信号值的连续范围分为若干相邻并具有唯一量值的区间，凡落在某区间的抽样信号样值都指定为该区间量值的过程。有很多领域关注和研究量化作用及其影响，比如通信、数字音视频处理和反馈控制系统等。量化过程不可避免地会存在量化误差，从而导致信息缺失。

图 4.19 所示为位移量 x 量化为测量值 x_q 的过程，图中实线为测量值，而真值则应该在实线与虚线之间，具体值无法确定。由于阻抗式力觉交互系统的作用力计算模型都是基于位移的，因而位移量化误差无疑会给系统带来不利影响。阿博特（Abbot）和村甫（Okamura）给出一个确保力觉交互系统中虚拟墙无源性的充分和必要条件，即

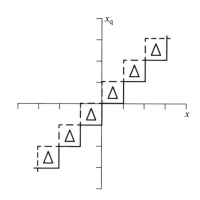

图 4.19　位移量 x 量化为测量值 x_q 的过程

$$K \leqslant \min\left(\frac{2b}{T}, \frac{2f_c}{\Delta}\right) \qquad (4.5)$$

式中，K 为虚拟墙的刚度系数，b 和 f_c 分别为力觉交互设备中固有阻尼系数和摩擦力，T 为系统采样周期，Δ 为力觉交互设备的量化分辨率。其他研究者，比如迪奥拉伊蒂（Diolaiti）等在研究力觉交互系统无源性的时候也考虑到了设备量化分辨率的影响。

力觉交互设备的位移传感器量化分辨率总是有限的，如本书所研究的线绳式力觉交互系统初始分辨率为 0.061mm，即使对编码器做四倍频处理，分辨率也有 0.015mm，在表现刚度极大的物体时，分辨率的影响就不能忽略了。一般来说，只有极低速交互或者相持状态下，量化误差的影响才会显现，其他时候，采样系统引起的测量值跳变使得量化误差影响被忽略。

图 4.20 记录的是一段时间内力觉交互设备末端空间位置。可以看出位置值会在某些时刻发生跳变，变化值等于设备的量化分辨率 Δ。这种位移传感器量化误差可以视为附加在位移真值上的某种随机噪声，对此可以通过移动平均滤波器（Moving Average Filter，MAF）来进行削弱和抑制。MAF 方法构建简单并且对消除随机噪声很有效。选择合适的 MAF 窗长 N，就能有效抑制位移传感器量化误差引起的干扰。

MAF 方法有一个不可避免的问题就是会带入计算时延，对力觉交互系统带来不利影响。为了减小时延的影响，决定仅在交互设备末端移动速度极慢，低幅高频噪声出现时才使用 MAF 策略。具体实现方法为，以一个设定速度 V_m 来衡量当前是否为相持交互。带有 MAF 的虚拟墙模型可以表示为

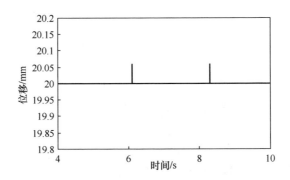

图 4.20　力觉交互设备末端空间位置

$$F_e(k) = \begin{cases} K_e(X_h(k) - X_0) \cdots X_h(k) > X_0 \\ 0 \cdots X_h(k) \leqslant X_0 \end{cases} \tag{4.6}$$

式（4.6）与式（4.1）的不同强调了力觉交互系统的采样特点。

$$F_{em}(k) = \begin{cases} \dfrac{1}{N} \sum_{i=0}^{N} F_e(k-N) \cdots V(k-j+1) \leqslant V_m \cdots j = 1, \cdots k \\ F_e(k) \cdots \text{ 其他} \end{cases} \tag{4.7}$$

式中，$F_{em}(k)$ 表示带有 MAF 时的交互力，N 为 MAF 的窗口长度，k 是用于速度判断的连续采样点个数，其他符号意义同式（4.1）。

4.6　虚拟连接器

在研究解决大刚度虚拟物体交互时的振动问题时，考盖特（Colgate）提出了虚拟连接器的概念。虚拟连接器是一个虚拟的机械结构，由虚拟弹簧和阻尼器构成，连接在力觉交互设备末端与其在虚拟环境中对应物之间，如图 4.21 所示。

应该明确的是，虚拟连接器并不能提高力觉交互系统可以表现出的最大刚度。虚拟连接器主要起阻抗过滤作用，当操作者与虚拟环境中的一个刚度无限大物体交互时，力觉交互设备也只是显示虚拟连接器所提供的阻抗值。这就使得虚拟环境的设计与所用的力觉交互系统独立开来，可以任意设定虚拟物体的刚度，在交互系统不加入力觉通道时，表现出逼真的运动特性，加入力觉通道后即使与大刚度物体交互也不会发生振动。

亚当斯（Adams）将虚拟连接器的概念扩展到阻抗再现和导纳再现两种信号流

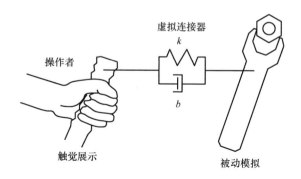

图 4.21　虚拟连接器结构

动方式下，并假设操作者阻抗和虚拟环境满足无源性，根据力觉交互设备和虚拟环境的类型设计不同类型的虚拟连接器，如图 4.22 所示。对于阻抗型（即输入为末端速度或位置，输出为力）力觉交互设备，可以将虚拟连接器当作一个并联阻抗，记为 $Z_{CI}(z)$，在保持力觉交互不发生振动的情况下，尽量取大值。对于导纳型（即输入为力，输出为末端速度或位置）力觉交互设备，将虚拟连接器视为串联阻抗，记为 $Z_{CA}(z)$，在保持力觉交互不发生振动的情况下，取值越小越好。结合虚拟环境的两种类型，虚拟连接器的具体实现方式有四种，如图 4.22 所示。图中 v_c^*、f_c^* 分别指力觉交互设备末端的速度和对连接器的作用力，v_e^*、f_e^* 分别指虚拟环境中与设备末端相对应的虚拟替代物的速度和施加给连接器的力。

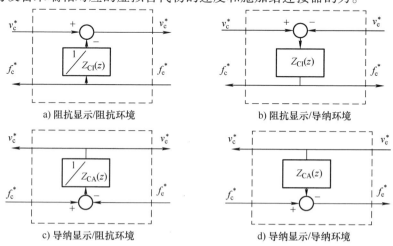

a) 阻抗显示/阻抗环境　　　b) 阻抗显示/导纳环境

c) 导纳显示/阻抗环境　　　d) 导纳显示/导纳环境

图 4.22　虚拟连接器的四种类型

在本章研究中，线绳式力觉交互系统是阻抗型的，虚拟世界是导纳型的。所以利用虚拟连接器连接虚拟环境和力觉交互设备的方式如图 4.23 所示。

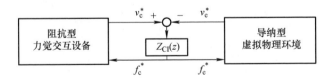

图 4.23　利用虚拟连接器连接虚拟环境和力觉交互设备的方式

　　研究中虚拟世界的生成是由 EON 工作室实现的，虚拟连接器的具体实现也要在其中完成，利用软件提供的二次开发包 EON SDK 开发新的程序节点来实现虚拟连接器的功能。设计虚拟连接器需要以下两方面的信息：一是设备末端（称其为 Grip）的动力学信息，二是虚拟环境中与设备末端相连接的虚拟点（称其为 Pointer，在虚拟环境中用一个小球体表示）的信息。两者的相互作用如图 4.24 所示。图中上方表示的是信息流向，运动信息传入虚拟连接器，作用力信息从虚拟连接器传出；下方为力觉交互过程中两者的运动方向和所受作用力方向。图中，$gPos$ 和 $gVel$ 分别为力觉交互设备末端的位置和运动速度，$pPos$ 和 $pVel$ 分别为对应虚拟点的位置和运动速度，F_p 为虚拟点 Pointer 受到的来自虚拟连接器的力，F_g 为设备末端受到虚拟连接器的力，k 为虚拟连接器的弹性，b 为阻尼。

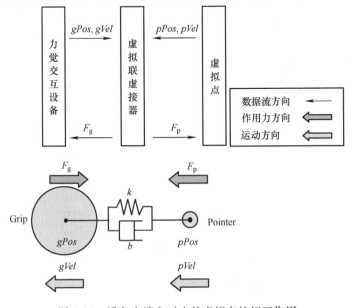

图 4.24　设备末端和对应的虚拟点的相互作用

F_p 与 F_g 大小相等，方向相反。作用力与运动状态之间的关系如下式：

$$F_g = k(gPos - pPos) + b(gVel - pVel) \tag{4.8}$$

在实际操作过程中，当设备末端跟随操作者指端以 $gVel$ 速度向左运动时，如果 Pointer 未与虚拟物体接触，则 $pVel$ 与 $gVel$ 相等，F_p 为零；当 Pointer 碰到虚拟物体时，例如碰到刚度为 K 的虚拟墙，交互模型如图 4.25 所示。对于此模型显然是非常熟悉的，可以确定地求出设备末端和虚拟点在操作者输入力的作用下的运动情况和受力情况。

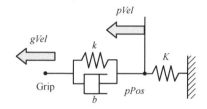

图 4.25　有虚拟连接器时的虚拟墙交互模型

虚拟连接器弹性 k 的设定应该不大于力觉交互设备所能表现的最大刚度，这样即使 K 值无穷大，虚拟墙所表现出的实际刚度也不会超出力觉交互设备性能而出现振动。

4.7　本章小结

本章中主要对力觉交互系统的表现刚度问题进行了研究。力觉交互系统可表现刚度总是有限的，在模拟与大刚度虚拟环境交互时，力觉交互过程常常会发生振动，如何避免这个问题是力觉交互系统研究的一个重要内容。本章首先分析了力觉交互系统的组成及其物理数学模型，其次详细研究了各组成部分对系统表现刚度的影响。从计算机控制角度力觉交互系统是一个采样保持系统，采样保持环节造成了交互过程的能量泄漏，使得系统表现出有源性从而引起振动问题。提出了位置预测法减少交互过程中系统能量的输出，提高交互过程的稳定性。操作者作为与虚拟环境进行力觉交互的重要组成部分，对交互过程的稳定有着重要意义，其作用可分为主动输入与被动阻抗两部分。然后分析了手臂的刚度阻尼特性和操作者主动性对系统表现刚度的影响，并提出了先让操作者体验真实弹簧的方法提高与大刚度虚拟环境交互时的稳定性。线绳式力觉交互设备与其他类型设备相比弹性较大，这一特性也是造成力觉交互过程振动的原因。作者研究了设备弹性造成振动的原理，然后提出了增加线绳预紧力提高结构刚度从而避免振动的方法。最后研究了位移量化误差对力觉交互过程稳定性的影响，并利用移动平均滤波法消除。总之，力觉交互系统可表现刚度有限，而虚拟物体的刚度应该是无限的，解决这一问题需要有虚拟连接器的存在，本章对此进行了研究。

参 考 文 献

[1] 丑武胜，王朔. 大刚度环境下力反馈主手自适应算法研究 [J]. 山东大学学报，2010，40
　　（1）：1－5.

[2] 张亚南. 面向水下构件超声扫查的多模人机交互遥操作关键技术研究 [D]. 杭州：浙江大
　　学，2023.

[3] IRLITTI A, PIUMSOMBOON T, JACKSON D, et al. Conveying spatial awareness cues in xR
　　collaborations [J]. IEEE transactions on visualization and computer graphics, 2019, 25 (11):
　　3178－3189.

[4] COBURN J, SALMON J, FREEMAN I. The effects of transition style for collaborative view sha-
　　ring in immersive virtual reality [J]. Computers & Graphics, 2020, 92：44－54.

[5] STECKER G C, CARTER S, MOORE T M, et al. Validating auditory spatial awareness with vir-
　　tual reality and vice－versa [J]. The Journal of the Acoustical Society of America, 2018, 143
　　（3_ Supplement）：1828－1828.

[6] 于磊. 基于环境建模的机器人力引导遥操作策略研究 [D]. 天津：河北工业大学，2022.

[7] MAIER M, BALLESTER B R, LEIVA BAÑUELOS N, et al. Adaptive conjunctive cognitive
　　training (ACCT) in virtual reality for chronic stroke patients：a randomized controlled pilot trial
　　[J]. Journal of neuroengineering and rehabilitation, 2020, 17 (1)：42.

[8] ALMUTAWA A, UEOKA R. The influence of spatial awareness on VR：investigating the influ-
　　ence of the familiarity and awareness of content of the real space to the VR [C] //Proceedings of
　　the 2019 3rd International Conference on Artificial Intelligence and Virtual Reality. 2019：
　　26－30.

[9] 吴超. 基于力觉引导的空间载荷遥操作系统的研制 [D]. 北京：北京邮电大学，2020.

[10] RAHIMI K, BANIGAN C, RAGAN E D. Scene transitions and teleportation in virtual reality and
　　the implications for spatial awareness and sickness [J]. IEEE transactions on visualization and
　　computer graphics, 2018, 26 (6)：2273－2287.

[11] 张静，徐亮，刘满禄，等. 基于分布式系统的虚拟力感知与交互技术 [J]. 传感器与微系
　　统，2019，38（05）：38－41.

[12] 邸伟. 虚拟手交互抓持力仿真研究 [D]. 杭州：浙江理工大学，2016.

[13] 武东杰. 机器人力觉示教的理论与实验研究 [D]. 唐山：华北理工大学，2019.

[14] 陈纯洁. 联合机械阻抗在铝合金结构健康检测中的应用分析 [J]. 兰州工业学院学报，
　　2023，30（04）：7－11.

[15] LV X, XIONG C, ZHANG Q. A simplified impedance estimation method inspired by the inde-
　　pendent effect of arm posture and muscle co－contraction [J]. Biomedical Signal Processing and
　　Control, 2024, 95 (PA)：1064－1069.

[16] EVRARD R, FEYENS M, MANON J, et al. Impact of NaOH based perfusion－decellularization
　　protocol on mechanical resistance of structural bone allografts. [J]. Connective tissue research, 2024,

11 – 14.

[17] 孔祥晖，吴家鸣，张天. 基于弹性微元的拖曳系统动力学研究 [J]. 广州航海学院学报，2024，32（01）：35 – 42.

[18] 杨静宇. 电连接器虚拟机械性能试验技术的研究 [D]. 天津：河北工业大学，2016.

[19] 陆九如，杭鲁滨，黄晓波，等. 基于虚拟现实的力反馈交互系统应用技术 [J]. 轻工机械，2016，34（02）：98 – 102.

[20] 胡景良. 基于虚拟现实主从遥操作机器人系统研究 [D]. 天津：河北工业大学，2014.

[21] KORAYEM H A, TAGHIZADE M, KORAYEM H M . Sensitivity analysis of surface topography using the submerged non uniform piezoelectric micro cantilever in liquid by considering interatomic force interaction ［J］. Journal of Mechanical Science and Technology, 2018, 32（5）：2201 – 2207.

[22] DAWEI L, JINYANG Y . Explicating reader behavior toward adoption of multi – screen devices: combination of TAM and HLM ［J］. Multimedia Tools and Applications, 2022, 82（3）：4479 – 4496.

[23] 覃江颖，明飞雄，李明. 一种基于颜色域的低空无人机图像拼接算法 [J]. 地理空间信息，2023，21（10）：1 – 4.

[24] 袁亚哲. 基于非线性残差的数字图像拼接算法 [J]. 长江信息通信，2023，36（10）：90 – 91，95.

第5章　力觉空间与视觉空间的融合

沉浸式虚拟现实系统设计的一个主要目标是：当系统体验者在与虚拟世界中的物体交互时，实现"所见即所触"。具体来说就是当我们看到自己的手指端与虚拟物体接触时，要同时感觉到力的作用，而不应当出现看到了但接触时没有力作用，或者没有看到但是接触时却感到力的作用。当视觉和力觉感知冲突时，系统的真实性就大大降低，体验的沉浸性和交互性也会变得极差。为了实现这一目标，需要保证图像系统和力觉系统的重合，具体来说就是要将图像坐标系、力觉交互设备坐标系和实际空间坐标系统一起来。本章中将给出系统中涉及的几何坐标系，对关键坐标系进行标定和校正，实现它们之间的转化与统一，并用实验验证视觉感知和力觉感知的融合程度。

5.1　系统中的空间坐标系

在操作中有三个要素：系统体验者、立体投影系统和力觉交互系统。针对体验者，对其视点跟踪过程中利用了电磁跟踪器，因此引入了电磁跟踪器坐标系；力觉交互系统完成体验者指端空间位置的测量，其机械结构有独立坐标系；立体投影系统采用以投影幕为中心的坐标系描述虚拟物体的位置，而且必须考虑虚拟空间坐标系与实际空间坐标系的关系。本节将具体描述这些坐标系。

5.1.1　立体投影系统坐标系

立体投影系统坐标系用来标示场景中虚拟物体的位置。坐标系的原点 O_V 取投影屏幕的中心点，X 轴正向指向屏幕右侧，Y 轴正向垂直屏幕向内，Z 轴正向为竖直向上，如图 5.1 所示。投影屏幕真实存在于真实空间，因此可以作为虚拟空间与真实空间实现统一的媒介，第 2 章中对此有过介绍。

图 5.1　立体投影系统坐标系

5.1.2　视点坐标系

本书的沉浸式虚拟现实系统中采用电磁定位技术跟踪操作者视点坐标。电磁定位器有两个坐标系，发射器坐标系和感应器坐标系。如图 5.2 所示，发射器生成以其自身为中心的磁场，坐标系以图中 O 为原点，电磁接收器也以内部某点为坐标原点 O'。感应器用于测量空间任意位置相对于发射器的坐标，而感应器固定于操作者所佩戴的立体眼镜上（见图 5.3），用户视点在感应器坐标系中的位置是恒定的。测得感应器在发射器坐标系内的位置，也就可以计算出视点在发射器坐标系内的位置。

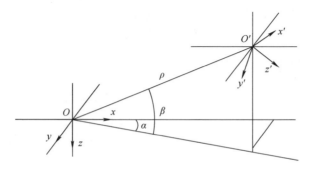

图 5.2　FOB 电磁定位器坐标系

图 5.3　电磁接收器在立体眼镜上的固定位置示意图

5.1.3　力觉交互系统坐标系

线绳式力觉交互系统为操作者指端提供交互力，其末端位置的测量方法已经在前面章节中详细介绍，其坐标系是以其框架中心为坐标原点的，记为 O_h，如图 5.4 所示。

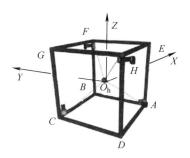

图 5.4　力觉交互系统坐标系

5.2　各坐标系之间的转化

为了实现视觉空间与力觉空间的统一，需要将各个坐标系转化到统一坐标系。在本书的研究中选择将屏幕坐标系作为世界坐标系，因为相比于视点坐标系和力觉交互坐标系，其位置固定且容易获得。

5.2.1　力觉交互系统内坐标转化为投影系统内坐标

力觉交互系统坐标系到立体投影系统坐标系的转化较为容易，因为两者之间只有平移而没有旋转，可以通过比较两个坐标系原点在水平地面上的垂点位置确定两者关系。实际上本书的力觉交互系统在构建时就是以投影坐标系为参照的，O_h 在立体投影系统坐标系中的坐标值为（0，−1.6，0）。力觉交互系统坐标系内某一点 P_h 转换到投影坐标系内的坐标 P 可以用下式求得：

$$P = \begin{bmatrix} 1 & 0 & 0 & 0 \\ 0 & 1 & 0 & -1.6 \\ 0 & 0 & 1 & 0 \\ 0 & 0 & 0 & 1 \end{bmatrix} P_h \tag{5.1}$$

5.2.2　视点坐标转化为立体投影系统内坐标

视点坐标转化为立体投影坐标系统内坐标较为复杂。视点在电磁接收器坐标系内位置是固定值，可由接收器在立体眼镜上的安装方位求得，首先应将其转换到电磁发射器坐标系，再转化到立体投影坐标系，这称为视点在虚拟环境中的注册。

假设视点在电磁接收器坐标系内坐标为 P_R，在发射器坐标系内的坐标为 P_E，两者转换矩阵为 T_{RE}，则有

$$P_R = T_{RE} P_E \tag{5.2}$$

鸟群电磁跟踪器可以随时得到其接收器在发射器坐标中的方位（x_E，y_E，z_E，α，β，γ），其中（x_E，y_E，z_E）表示接收器坐标原点在发射器坐标系内的位置，α、β、γ 分别表示接收器坐标系相对发射器坐标系 Z 轴、X 轴、Y 轴的旋转角度，即为方位角定位法中的滚动角、俯仰角和偏航角。根据方位角定位法原理，有

$$T_{RE} = \begin{bmatrix} \cos\alpha & \sin\alpha & 0 & 0 \\ -\sin\alpha & \cos\alpha & 0 & 0 \\ 0 & 0 & 0 & 0 \\ 0 & 0 & 0 & 1 \end{bmatrix} \times \begin{bmatrix} 1 & 0 & 0 & 0 \\ 0 & \cos\beta & \sin\beta & 0 \\ 0 & -\sin\beta & \cos\beta & 0 \\ 0 & 0 & 0 & 1 \end{bmatrix} \times$$

$$\begin{bmatrix} \cos\gamma & 0 & -\sin\gamma & 0 \\ 0 & 1 & 0 & 0 \\ \sin\gamma & 0 & \cos\gamma & 0 \\ 0 & 0 & 0 & 1 \end{bmatrix} \times \begin{bmatrix} 1 & 0 & 0 & -x_E \\ 0 & 1 & 0 & -y_E \\ 0 & 0 & 1 & -z_E \\ 0 & 0 & 0 & 1 \end{bmatrix} \tag{5.3}$$

视点在发射器坐标系内的坐标 P_E 可以转化为投影坐标系内的坐标 P_V，转化矩阵为 T_{EV}，有

$$P_E = T_{EV}P_V \qquad (5.4)$$

式中，T_{EV} 可以表示为

$$T_{EV} = \begin{bmatrix} T_{11} & T_{12} & T_{13} & T_{14} \\ T_{21} & T_{22} & T_{23} & T_{24} \\ T_{31} & T_{32} & T_{33} & T_{34} \\ 0 & 0 & 0 & 1 \end{bmatrix} \qquad (5.5)$$

因此，如果测得至少四组相应的 P_E、P_V 值，就能解出转换矩阵 T_{EV}。计算过程可以参照相关文献中的介绍。

四组数据的获取可以通过将电磁接收器放置在屏幕上的确定位置 P_V 获得，P_E 由电磁方位跟踪器读出。图 5.5 所示为将接收器置于投影坐标系的 （0，-1，0）位置，并获取相应的发射器坐标系位置值。

图 5.5　将接收器置于投影坐标系内获取发射器坐标系位置值

根据式（5.2）和式（5.4），P_R 和 P_V 关系如下：

$$P_R = T_{RE}T_{EV}P_V \qquad (5.6)$$

变换后可得

$$P_V = T_{RE}^{-1}T_{EV}^{-1}P_R \qquad (5.7)$$

操作者在虚拟场景中移动时，电磁接收器读数可以计算出 T_{RE}^{-1}，而 T_{EV}^{-1} 和 P_R 均为固定值，根据式（5.7）可以得到视点在立体投影坐标系内的位置坐标。

为了跟踪操作者两眼的位置，作者采用了两个接收器在立体眼镜上对称放置的

方法，参见图5.3。电磁接收器内的坐标系如图5.6所示。

两个接收器坐标系及其和双眼间位置关系可以表示为如图5.7所示。图中 D 为双眼距离，D_R 为两个电磁接收器原点之间距离，d 为接收器到眼镜腿折叠处距离。易知，视点（红色十字）在接收器1的坐标系内位置分别为 $P_R(0,(D+D_R)/2,0)$ 和 $P_L(0,(D_R-D)/2,0)$。

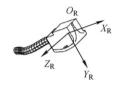

图5.6　电磁接收器内的坐标系

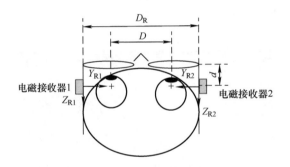

图5.7　视点与接收器位置关系

如果只用电磁接收器1单独跟踪双眼位置，当操作者头部宽度大于 D_R 时，会造成实际双眼坐标和测量值误差，如图5.8所示。采用双接收器检测就可以避免前面所提到的误差，如图5.9所示。

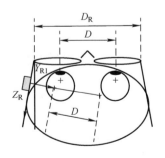

图5.8　单接收器测量造成误差

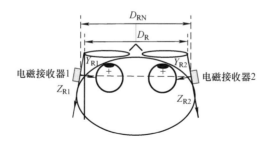

图 5.9　双接收器检测视点位置

假设用户佩戴眼镜后检测到两个接收器之间距离为 D_{RN}（可以根据两个接收器在发射器坐标系内的位置求得），则可以求出接收器 1 绕其 X 轴旋转角度 θ 为

$$\theta = \arcsin \frac{D_{RN} - D_R}{2d} \tag{5.8}$$

原点的平移量为 $(0, -(D_{RN} - D_R)/2, -d(1 - \cos\theta))$。根据前面介绍的方位角定位法，视点在新坐标系内的坐标分别为

$$P_{LN} = \begin{bmatrix} 1 & 0 & 0 & 0 \\ 0 & \cos\theta & \sin\theta & 0 \\ 0 & -\sin\theta & \cos\theta & 0 \\ 0 & 0 & 0 & 1 \end{bmatrix} \times \begin{bmatrix} 1 & 0 & 0 & 0 \\ 0 & 1 & 0 & \dfrac{D_{RN} - D_R}{2} \\ 0 & 0 & 1 & d(1 - \cos\theta) \\ 0 & 0 & 0 & 1 \end{bmatrix} \times \begin{bmatrix} 0 \\ \dfrac{D_R - D}{2} \\ 0 \\ 1 \end{bmatrix} \tag{5.9}$$

$$P_{RN} = \begin{bmatrix} 1 & 0 & 0 & 0 \\ 0 & \cos\theta & \sin\theta & 0 \\ 0 & -\sin\theta & \cos\theta & 0 \\ 0 & 0 & 0 & 1 \end{bmatrix} \times \begin{bmatrix} 1 & 0 & 0 & 0 \\ 0 & 1 & 0 & \dfrac{D_{RN} - D_R}{2} \\ 0 & 0 & 1 & d(1 - \cos\theta) \\ 0 & 0 & 0 & 1 \end{bmatrix} \times \begin{bmatrix} 0 \\ \dfrac{D_R + D}{2} \\ 0 \\ 1 \end{bmatrix} \tag{5.10}$$

5.3　电磁跟踪器的注册与校准

5.3.1　电磁跟踪原理

电磁跟踪器采用电磁场来测量位置与方向，其主要组成部分有发射器、接收器和电子信号处理器。发射器由 3 个独立的可生成电磁场的线圈组成，在驱动器的驱

动下工作。接收器也包含 3 个可感应电磁场的独立线圈，用于检测发射器生成的电磁场大小，通过衡量其变化得到位置与方向，参见图 5.10。驱动电路可以控制发射器线圈中的电流大小，电子信号处理器负责将模拟信号转换为数字信号并将接收器位姿发送给主机。

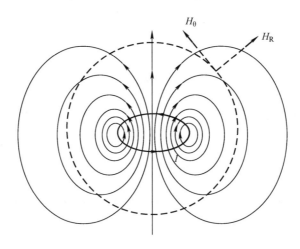

图 5.10　线圈通电形成的磁场

假设通过发射器某线圈的电流为 I，那么在距离为 R、角度为 θ 处的电磁场在 3 个方向的大小分别为（在极坐标模式下）

$$H_R = \frac{M}{2\pi R^3}\cos(\theta) \tag{5.11}$$

$$H_\theta = \frac{M}{2\pi R^3}\sin(\theta) \tag{5.12}$$

$$H_\phi = 0 \tag{5.13}$$

H_R、H_θ、H_ϕ 分别为径向、切向和与这两个方向垂直的方向上的磁场大小。式中 $M = NIA$，A 和 N 分别是线圈包围面积和圈数，也就是电流回旋路数。式（5.11）~式（5.13）对 3 个线圈都成立，根据磁场大小的不同就可以确定距离与角度，从而完成定位功能。

电磁跟踪器的最大问题是它们的精度受周围环境中的电磁场、金属和电子设备干扰，误差与接收器到发射器的距离成正比，与干扰源到接收器的距离成反比。本书采用 Ascension 公司的鸟群电磁跟踪器（FOB），如图 5.11 所示。它采用的是直流电技术，理论上来说直流电对周围电磁干扰并不像交流电那么敏感。电流的变化会引起涡流，直流电的电流变化一般只发生在测量周期的开始，其后电流稳定，涡流几乎为零。

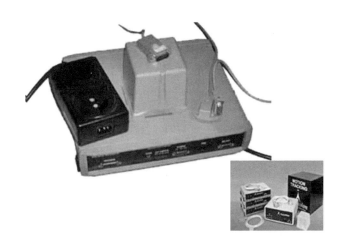

图 5.11　鸟群电磁跟踪器组成

5.3.2　电磁跟踪器的注册

注册是指将电磁跟踪器的坐标系与实际应用环境的某个已知坐标系对齐的过程。其目的是确保电磁跟踪器测得的位置信息能够准确地映射到实际应用环境的坐标系中。注册的准确性直接影响系统的整体精度，尤其在医疗和工业应用中，精度的误差可能导致严重的后果。因此，注册是电磁跟踪器操作中的一个关键步骤。注册流程图如图 5.12 所示。

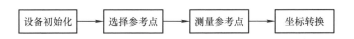

图 5.12　电磁跟踪器注册流程图

设备初始化是注册过程的第一步，包括检查电磁跟踪系统的发射器、传感器及主机连接，启动系统自检功能，并选择磁场干扰较小的环境进行校准。选择参考点时，需确保其在实际坐标系中准确已知且覆盖工作空间。然后，使用电磁传感器记录参考点位置，进行多次测量以提高精度，并对数据进行初步分析。最后，通过刚体变换和齐次变换矩阵等方法，将电磁跟踪器坐标系转换到实际坐标系，确保转换结果准确。

在完成了设备初始化并确保了电磁跟踪系统的准确性和可靠性之后，我们将目光转向在特定应用场景下的电磁跟踪器的注册——六自由度电磁方位跟踪器在墙幕式立体投影虚拟环境中的注册。这一注册步骤是至关重要的，因为它将虚拟环境中的交互与现实世界的用户动作紧密对应起来，是实现沉浸式体验的关键。

六自由度电磁方位跟踪器在墙幕式立体投影虚拟环境中的注册方式是通过将跟踪传感器置于空间中已知点处，并根据其在虚拟环境屏幕坐标系和电磁跟踪系统坐标系中的方位输出值确定两坐标系之间的变换矩阵，实现跟踪器的注册。这种方法简单、可行，注册偏差在10mm内，精度满足基于自然交互的多感知虚拟现实系统操作要求。

六自由度电磁方位跟踪器在墙幕式立体投影虚拟环境中的注册方式主要涉及将电磁跟踪器的输出数据转换为虚拟环境中相应的坐标系统。这种转换通常通过计算两个坐标系统之间的变换矩阵来实现。

具体来说，首先需要在真实空间中确定一个参考点，并在该点上放置带有特定姿态的跟踪传感器。然后，捕捉该传感器在现实世界坐标系和屏幕坐标系中的位置和方向值。这些值可以用来计算两种坐标系统之间的变换矩阵，从而实现从电磁跟踪器的输出到屏幕坐标系统的实时转换。

在实际应用案例中，这种技术已经被用于多种虚拟现实系统中，如医疗导航、游戏控制等。例如，在医疗导航中，医生可以使用装备有六自由度电磁跟踪器的手术工具，在虚拟现实环境中进行精确的手术操作，而这些操作的位置和方向信息则通过电磁跟踪器转换为虚拟环境中的相应动作。

5.3.3 电磁跟踪器的校准

校准是调整电磁跟踪系统内部参数以消除系统误差，提高测量精度的过程。校准的目的是确保电磁跟踪器在各种环境下都能准确地测量位置和姿态。由于环境磁场干扰和设备本身的制造误差，校准是一个不可忽视的环节。

1. 电磁跟踪器的校准的基本类型

电磁跟踪器的校准主要包括系统校准、环境校准和几何校准三种基本类型。系统校准通常由制造商在生产过程中完成，旨在校准发射器和传感器的内部参数，包括硬件校准和软件校准，以确保输出信号的一致性和准确性。环境校准是针对使用场景中的磁场干扰和其他环境因素进行的校准，通过扫描工作环境、记录和分析磁场干扰情况，并根据分析结果调整系统参数，以减少干扰影响。几何校准则是确保传感器在其物理支架上的安装位置精确无误，通过测量和调整传感器的安装位置，确保误差在可接受范围内。校准的基本步骤包括准备工作、环境校准等。准备工作涉及设置发射器和传感器并确定参考点的坐标；环境校准则是在实际工作环境中布置传感器、记录读数、分析数据并调整系统设置，以减少环境干扰对系统精度的影响。

2. 电磁跟踪器的校准方法

（1）基于 T－S 模糊系统的 BP 神经网络和最小二乘支持向量机相融合的方法。这种方法通过 K－means 聚类分析、局部 T－S 模糊系统预处理、全局 BP 神经网络训练以及最终采用最小二乘支持向量机求解，对电磁跟踪器的注册精度进行校准。这种方法适用于非线性空间数据校准，能有效提高电磁跟踪器的注册精度，有助于提高增强现实系统的交互精度。

从电磁跟踪器工作原理可知，数据空间中大致可分为近场区和远场区。近场区数据误差相对较小，远场区，尤其是远离发射器的 Z 轴上方，误差相对较大。但如果细分磁场空间，近场区和远场区可进而划分为上下左右 8 个区域。设测量点与真实点之间的距离为 D_{ij}^1，测量点与发射原点之间的距离为 D_{ij}^2，则依据上述对问题的分析，兼顾数据之间的误差以及空间分布情况，以 $\| D_{ij+}^1 D_{ij}^2 \|$ 为距离，采用 K－means算法聚类分析可大致将整个磁场空间划分为 8 个区域，如图 5.13 所示。

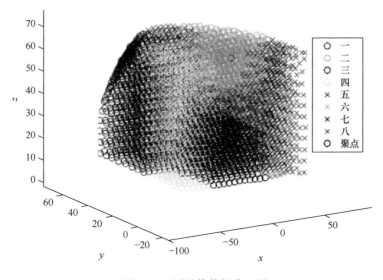

图 5.13　测量值数据分区图

从图 5.13 可知，空间数据通过聚类分析最终被划分为 8 个不规整区域，说明了数据之间的复杂关系，并不是"非此即彼"，是相对模糊的。因此本书提出采用 T－S 模糊系统针对每个区域进行模糊处理。

T－S 模糊系统是一种自适应能力很强的模糊系统，不仅能自动更新，还能不断修正模糊子集的隶属函数。T－S 模糊系统采用"if－then"规则形式来定义，采用模糊算子为连乘算子对各隶属度进行模糊计算，最后根据模糊计算结果计算模糊模型的输出。

BP - 神经网络算法（BP - NN）是一种多层前馈网络，由输入层、隐含层和输出层组成，适用于大规模数据集，但学习速率固定，容易陷入局部最优。最小二乘支持向量机（Least Squares Support Vector Machine，LSSVM）是支持向量机（SVM）的一种形式，通过简化约束和计算，提高了收敛速度和全局最优解的获取，但不适用于大规模数据集。本书提出结合 T - S 模糊系统的预处理，先使用 BP - NN 进行全局训练，动态调整误差目标，再利用 LSSVM 进行校正，以降低数据非线性复杂度，结合两种方法的优点。

为了验证校正方法在增强现实应用里的效果，本书将 BPNN - LSSVM 校正方法应用于实验室增强现实系统中，并与原有电磁跟踪器校正方法和 BP 神经网络校正方法进行比对，具体效果如图 5.14 所示。

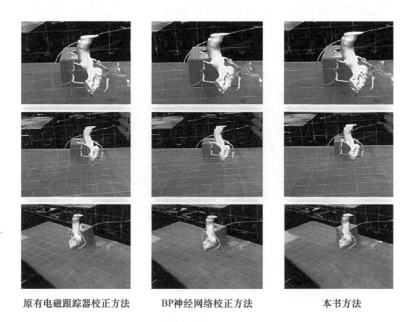

原有电磁跟踪器校正方法　　　　BP神经网络校正方法　　　　　本书方法

图 5.14　不同方法校正后的具体效果

图 5.14 显示了原有电磁跟踪器校正方法、BP 神经网络校正方法和本书校正方法在增强现实系统中加载虚拟模型（冠状动脉）后的不同视角下的效果。每种方法从上到下分别是正视近景、正视远景、斜视远景图。从整个实验过程分析，三种方法在近景场景下效果相当，但是在远景场景下差别较大，尤其是在斜视远景场景下。远景场景下、原有方法和 BP 神经网络校正方法的工作区间立体网格都出现了

不同程度的偏移,其坐标系原点无法与电磁跟踪器的右下角对齐;本书方法虽然在远景场景下也出现了一定程度的偏离,但相对于原有方法和 BP 神经网络校正方法已经有了较大的改进。

所以,基于 T-S 模糊系统的 BP 神经网络和最小二乘支持向量机相融合的方法,在电磁跟踪器空间数据校正时,获得了较好的数据校正效果,满足了应用的需求,提高了增强现实系统中模型注册的精度,有利于提升虚实交互的精度。

(2) 使用平面磁屏蔽技术。这种方法通过使用高导磁合金和铁氧体等材料做磁屏蔽,有效防止了由金属和电子设备引起的磁场畸变,从而提高了电磁跟踪系统的位置和方向误差控制。实验结果显示,平面磁屏蔽技术可以显著减少位置误差和方向误差,如图 5.15 所示。

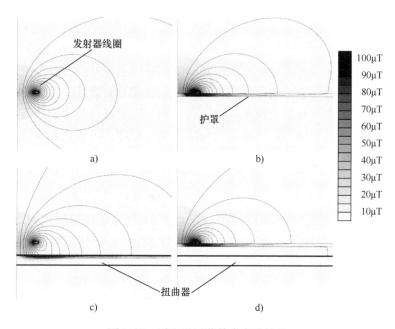

图 5.15　平面磁屏蔽技术实验结果
a) 无护罩或扭曲器　b) 带护罩无失真器
c) 没有带扭曲器的护罩　d) 带扭曲器的护罩

使用平面磁屏蔽技术提高电磁跟踪系统精度的方法主要涉及在电磁跟踪系统中引入高效的电磁屏蔽措施。我们可以分析这种技术对系统性能的潜在影响。

从电磁屏蔽的角度来看,使用铝和铜构建的电磁屏蔽箱显示出在低频范围内具有较高的屏蔽效果。在 0.4~25MHz 的频率范围内,该屏蔽箱的屏蔽效果稳定在约 49.6dB,这表明它能有效地减少外部电磁干扰。这种高效的屏蔽能力对于提高电磁跟踪系统的精度至关重要，因为系统的准确性往往受到周围环境中的电磁干扰的影响。

平面磁技术在现代直流到直流转换器中的应用表明，这种技术能够实现高效的电磁管理和控制。虽然这一证据并未直接提及电磁跟踪系统，但它强调了平面磁技术在处理电磁问题方面的潜力，这对于设计更为精确和稳定的电磁跟踪系统是有益的。

结合上述分析，可以推断使用平面磁屏蔽技术能够显著提高电磁跟踪系统的精度。这主要是因为高效的屏蔽措施可以减少外部电磁干扰，从而使得系统能够更准确地检测和跟踪目标。此外，平面磁技术的应用可能还包括改善系统的整体电磁兼容性和稳定性，进一步提升系统性能。

（3）基于姿态矩阵正交化的优化方法。这种方法通过对电磁跟踪器的姿态矩阵进行正交化处理，有助于提高姿态参数的稳定性和降低姿态参数之间的耦合度，从而提高系统定位精度。

姿态矩阵正交化优化方法在电磁跟踪器中的应用主要是通过改善传感器安装矩阵的正交性，从而提高系统的定位精度。这种方法能够有效减少由于安装误差和标度因数非线性等因素导致的安装矩阵非正交问题，进而提升整个跟踪系统的性能。

具体来说，通过对安装矩阵进行行向量正交化处理，可以显著降低安装误差角在正交化过程中的畸变，这对于提高惯性测量装置惯导姿态精度和位置精度至关重要。在"天问一号"项目中，采用这种方法后，惯性测量装置惯导姿态精度提升了 15.8% ~ 54.7%，位置精度提升了 45.2% ~ 85.6%。这表明，姿态矩阵正交化优化方法能显著提高电磁跟踪器的定位精度，对于需要高精度定位的应用场景（如航天、医疗手术导航等）尤为重要。图 5.16 所示为 3S 构型惯性测量装置陀螺输入轴空间安装示意图。

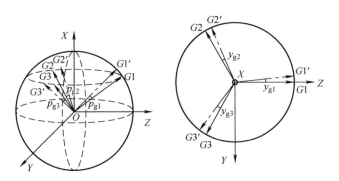

图 5.16 3S 构型惯性测量装置陀螺输入轴空间安装示意图

此外，其他研究也表明，通过采用先进的算法和技术，如视觉加权加速正交迭代（WAOI）算法或改进的正则化正交匹配追踪波达方向估计方法（TROMPDOA），可以进一步提升姿态测量的精度。这些方法通过优化数据处理流程和增强系统的稳定性，能够在不同的应用环境中提供更高的测量精度。

总体来说，姿态矩阵正交化优化方法在电磁位置跟踪器中的应用，通过提高传感器安装矩阵的正交性，有效提升了系统的定位精度。

3. 新型校准程序的应用

为了满足日益增长的对高精度和可靠性跟踪的需求，新型校准程序通过集成更先进的算法和精细的校准方法，旨在提高测量精度、环境适应性、系统稳定性，同时简化校准过程，减少对专业知识和人工干预的依赖，以应对复杂多变的应用场景和挑战。确保在不同条件下提供准确可靠的位置和方向数据，从而显著提升电磁跟踪器的整体性能和用户体验。

新型校准程序在电磁跟踪系统中的应用及其对系统整体性能提升的具体贡献主要体现在以下几个方面：

（1）提高远距离跟踪定位的精度。通过对六自由度电磁跟踪系统原近场定位模型的修正，建立了基于磁偶极子远场表达式的远场修正模型，并采用基于最大单位指向矢分量的跟踪算法计算目标的位置参数，从而显著提高了系统远距离跟踪定位的精度。

（2）解决位置变换矩阵不可逆问题。引入四元数法求解系统的姿态变换矩阵，结合跟踪算法求解姿态参数（ψ，θ，ϕ），有效解决了位置变换矩阵不可逆的问题，进一步提升了系统的整体性能。

（3）提高同步系统的同步精度和抗干扰性。通过分析全球定位系统（GPS）秒脉冲特性和恒温晶体振荡器（OCXO）频率特性，采用卡尔曼滤波对秒脉冲中的随机噪声进行滤波处理，提高其精度。同时，以处理后的秒脉冲信号作为基准在线校准 OCXO 基本时钟，保证其输出频率的精度，从而提高了同步系统的同步精度和抗干扰性。

（4）提高电子罗盘精度。针对复杂磁环境下磁强计误差补偿算法效果不理想的问题，提出了一种基于模拟退火算法的空间椭球磁强计校准方法，通过对磁强计测量数据进行空间椭球拟合，用估计的参数进行刻度系数与软磁干扰、硬磁干扰与零点偏移的整体误差补偿，最终实现了航向角精度从 4.5° 提高到 0.4°，提高了一个数量级。

（5）实现远程时间频率校准。新型的远程时间频率校准系统能够实现高精度的时间频率参考，为科研机构和专家学者提供更加精确的时间频率标准。这一系统通过深入研究原子钟时频特性分析方法，结合全球导航卫星系统（GNSS）时频传递接收机的实时数据进行预处理，应用钟差预报算法实时预报铷原子振荡器钟差，从而实现了远距离时间频率传递和溯源过程。

综上所述，电磁跟踪器的注册和校准是一个多方面的问题，需要综合考虑各种因素和技术。通过采用适当的注册方法和校准技术，可以有效提高电磁跟踪器的注册精度和系统性能。

5.3.4　FOB 的物理参数及性能

（1）测量频率。指每秒钟内的数据采集数目。FOB 的每个群组接收器测量频率可达到 144Hz，应用中可以通过对串口 RS－232 编程改变频率值。

（2）波特率。通信电缆用于在主机和跟踪器的串口之间传输数据，可选用全双工 RS－232 接口或高速 FBB（Fast Bird Bus）总线。它们之间的串口通信速度用波特率表示，最高可达 500000bps（RS－485）。

（3）静态精度和分辨率。精度用于衡量跟踪器测量误差的大小，而分辨率表示的是跟踪器所能识别的最小距离。FOB 静态位置测量精度为 0.07 英寸（1 英寸 =0.0254m），角度测量精度为 0.5°；静态位置分辨率为 0.02 英寸，角度分辨率为 0.1°。

FOB 能在所有主要的计算机平台上运行，强大的软件接口可方便地应用于仿真和虚拟现实应用。对每个接收器都有单独的微处理器控制，可以同时应用 1 ~ 4 个接收器。利用扩展范围发射器可以跟踪 ±10 英尺（1 英尺 =0.3048m）内的目标，适合大场景沉浸式系统应用。

5.3.5　干扰问题的解决

操作环境中不可避免地会有电磁干扰源，电磁接收器受到电磁干扰后会表现出抖动，大的抖动会引起视点位置的跳变，造成立体视觉感知失真。本书研究的主要干扰源有环境中的电源电缆和电动机，电源电缆的干扰频率较为固定，接近于 50Hz，而力觉交互系统所用的电动机产生干扰频率较高。解决电磁干扰问题，主要采用了两种方式。一种是改变跟踪器测量频率。鸟群电磁跟踪器针对 50Hz 电源有下列测量频率（单位为 Hz）可选用：61.6、63.5、68.3、71.7、86.1、93.4、94.1、94.7、105.8、106.7、114.7、119.3、129.1、134.5、139.3。在实际使用中，改变测量频率进行测试，发现频率的改变可以极大地影响测量结果，最终选定 119.3Hz。另一种方式是滤波。采集到位置数据之后进行去噪滤波。这是信号处理常用的技术，但由于系统实时性要求，只能选择简单快速的数字滤波方式，影响了去噪效果。

实践中发现，电缆的弯曲对接收器的测量效果会有一定的影响，因为检测信号是通过电缆传输到电子信号处理器的，而且传递的是模拟量。在正常使用中，应该尽量避免弯曲传输电缆，尤其是靠近接收器与电缆的接口处。为此需要将电缆固定在立体眼镜腿上，固定点与接收器距离在 25mm 左右。

5.4　力觉交互系统坐标系校准

在前面第 3 章中，已经介绍了线绳式力觉交互设备末端位置的测算方法，并比较了消元法和迭代法的不同结果。无论采用哪种计算方法，其前提都是要首先获得各根线绳的准确长度和电动机的准确空间位置，而且迭代法的提出正是基于线绳长度测量误差的客观存在。

5.4.1　线绳长度测量精度分析

线绳长度是通过旋转编码器的计数间接测得的，编码器的 1024 个单向脉冲就意味着绳轮旋转一周，可知线绳长度的变化为绳轮周长。绳轮半径为 R 时，单个脉冲所代表的线绳长度为

$$\Delta L = \frac{2\pi R}{1024} \tag{5.14}$$

确定初始绳长，记录下编码器脉冲数，就能计算出线绳的长度。但是由于线绳总长度较长，当在绳轮上缠绕的圈数较多时，就会造成绳轮实际周长的增加，每缠绕一圈的长度就发生了变化，不再等于绳轮的周长。缠绕圈数越多，线绳越粗，引起的长度变化就越大。图 5.17 显示了测得长度和实际长度的差别。

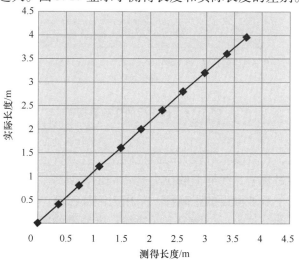

图 5.17　测得长度和实际长度的差别

从实验数据可以看出，长度测量误差特性呈现非线性，为了消除误差，只能依据理论模型和实验数值对它进行标定，使用分段线性插值法来对实际线绳半径进行修正计算。这种基于分段线性插值和实验数据标定的线绳缠绕半径 r_i 计算方法见下式：

$$r_i = \frac{\theta_k r_k}{\theta_i} + \frac{(\theta_{k+1} r_{k+1} - \theta_k r_k)}{(\theta_{k+1} - \theta_k)\theta_i}(\theta_i - \theta_k) \tag{5.15}$$

式中，$\theta_i \in (\theta_k, \theta_{k+1})$，$\theta_{k+1} r_{k+1}$ 是第 $k+1$ 个特定点使用直尺测量出的线绳长度数值，θ_{k+1} 是第 $k+1$ 个特定点使用编码器测量出的角位移数值，$\theta_k r_k$ 是第 k 个特定点使用直尺测量出的线绳长度数值，θ_k 是第 k 个特定点使用编码器测量出的角位移数值。当第 i 个编码器输出角位移 θ_i 后，根据式（5.15）可以计算出当前对应的线绳半径 r_i。这样就可以确定任何长度时单个编码器脉冲所代表的线绳长度变化，从而实时获得线绳长度的准确值。修正后的实验数据如图 5.18 所示。

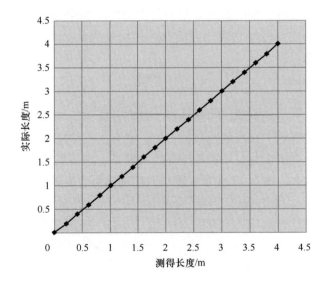

图 5.18　修正后的实验数据

实验中还发现，长度测量有较大的回程误差。经分析，造成此问题的原因应该是绳轮正转和反转过程中，线绳上的拉力是不同的，导致了线绳缠绕状态有差别，引起测量误差。为了验证假设的正确性，采用力闭环控制，保证线绳在收放过程中拉力恒定。实验证明，拉力一定情况下，线绳长度测量的回程误差基本消失。但是正如前文论述的，各根线绳上的力是根据虚拟环境交互情况设定的，不可能时刻保持恒定，因此不能通过保持线绳拉力恒定的方式消除回程误差。实验中还发现，当线绳拉力加大到一定程度时（0.5N），测量误差不会再随着拉力增大而有明显变化。故此，可以通过控制线绳的拉力永远不小于 0.5N，以此实现线绳长度测量误差的最小化。

5.4.2　电动机空间位置的校正

力觉交互设备末端位置的求解是基于电动机空间位置和线绳长度的，而电动机空间位置并不能保证是处于立方体顶点。电动机的位置可以在立体投影坐标系中测得，以电动机 A 为例，测量方法如下：

分别测量 A 到投影坐系 3 个确定点的距离，3 个点的坐标为（0，0，0）、（1，0，0）和（0，0，1），得到 3 个长度值 l_1、l_2 和 l_3。假设电动机坐标为（x，y，z），有如下的关系式：

$$\begin{cases} l_1^2 = x^2 + y^2 + z^2 \\ l_2^2 = (x-1)^2 + y^2 + z^2 \\ l_3^2 = x^2 + y^2 + (z-1)^2 \end{cases} \tag{5.16}$$

求解方程组可得

$$\begin{cases} x = \dfrac{l_1^2 - l_2^2 + 1}{2} \\ z = \dfrac{l_1^2 - l_3^2 + 1}{2} \\ y = \sqrt{l_1^2 - x^2 - z^2} \end{cases} \tag{5.17}$$

以同样的方法可以求得其余电动机在立体投影坐标系中的位置。

电动机位置还可以用另一种方法校准。定义一个基于电动机的坐标系，如图 5.19 所示，坐标原点在电动机 D 位置，V 轴方向由电动机 BD 连线确定，V-W 平面经过电动机 G。

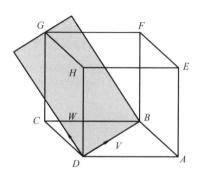

图 5.19　基于电动机的坐标系

各台电动机位置在新坐标系内的坐标分别为

电动机 B：$\begin{bmatrix} 0 \\ V_B \\ 0 \end{bmatrix}$；电动机 D：$\begin{bmatrix} 0 \\ 0 \\ 0 \end{bmatrix}$；电动机 E：$\begin{bmatrix} U_E \\ V_E \\ W_E \end{bmatrix}$；电动机 G：$\begin{bmatrix} 0 \\ V_G \\ W_G \end{bmatrix}$

首先用直尺测量出这样几个长度值：l_{BE}、l_{DE}、l_{BD}、l_{BG}、l_{EG} 和 l_{DG}，分别表示相应编号电动机间的距离，比如 l_{BE} 表示电动机 B 和电动机 E 之间的距离。这些长度可以构造出方程组（5.18）。U_E、V_E、W_E、V_G、W_G 和 V_B 则是需要求解的参数，解方程组就可得到式（5.19）所示显示解。

$$\begin{cases} l_{BD}^2 = V_B^2 \\ l_{DG}^2 = V_G^2 + W_G^2 \\ l_{DE}^2 = U_E^2 + V_E^2 + W_E^2 \\ l_{BG}^2 = (V_G - V_B)^2 + W_G^2 \\ l_{BE}^2 = U_E^2 + (V_E - V_B)^2 + W_E^2 \\ l_{EG}^2 = U_E^2 + (V_G - V_E)^2 + (W_G - W_E)^2 \end{cases} \tag{5.18}$$

$$\begin{cases} V_B = l_{BD} \\ V_G = \dfrac{-l_{BG}^2 + l_{DG}^2 + V_B^2}{2V_B} \\ W_G = \sqrt{l_{DG}^2 - V_G^2} \\ V_E = \dfrac{l_{DE}^2 - l_{BG}^2 + V_B^2}{2V_B^2} \\ W_E = \dfrac{l_{BE}^2 - l_{EG}^2 + (V_G - V_E)^2 - (V_E - V_B)^2 + W_G^2}{2W_G} \\ U_E = \sqrt{l_{DE}^2 - V_E^2 - W_E^2} \end{cases} \tag{5.19}$$

结果证明，线绳式力觉交互系统可以进行自校正。如果任何电动机的方位在另一坐标系内是已知的，可以很容易地将电动机坐标转换到此处介绍的新坐标系内。

5.5　融合效果实验及结论

5.5.1　实验方法

为了检验视觉与力觉空间的融合效果，进行了空间球体触碰实验。如图 5.20

所示，设定场景中有 7 个小圆球，其中 1 个在屏幕坐标系中的位置为（0，－1.2，0），另外 6 个球分别处在其上下左右前后各 0.2m 处。10 个实验参与者尝试以手指触碰各个球体，发生碰撞时线绳式力觉交互系统给予操作者手指固定大小的瞬时作用力，同时球体爆裂消失。实验者可以按照任意顺序碰触球体，全部完成后，针对每一个球体填写评价问卷。评价分为 3 个级别：

图 5.20   空间球体触碰实验

1）a 级：视觉与力觉感知完全契合，感觉真实性好，快速完成操作。
2）b 级：视觉与力觉感知不完全契合，真实性一般，但可以完成操作。
3）c 级：视觉与力觉感知有较大不契合，真实性极差，不能完成操作。

5.5.2   实验结果及结论

实验完成后，对每个参与者的问卷进行了统计，现给出针对 3 个球的评价结果，如图 5.21、图 5.22 所示。

可以看出对处在中心的小球基本每个操作者都给出了最好的评价，说明在这个位置视觉和力觉感知融合非常好。左侧位置融合效果一般，甚至有操作者不能完成触碰。在这两个位置，操作者的头部转动角度最大，力觉交互系统偏离中心位置也最远，从本书前面的章节可知，视觉和力觉感知在左右两侧都有偏差，偏差的叠加造成了操作不能完成。而在右侧位置操作者都能完成任务，说明视觉和力觉系统的偏差有可能会相互抵消。总体来看，经过本章对各个坐标系的校准和坐标转换，较好地完成了立体视觉空间和力觉空间的融合统一，操作者可以在系统中完成对虚拟物体的第一人称直接操作，极大提高了虚拟现实系统的真实性与沉浸性。

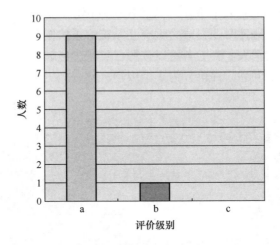

图 5.21　对球 1 的评价统计

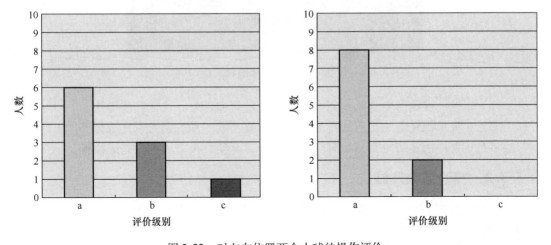

图 5.22　对左右位置两个小球的操作评价

5.6　本章小结

　　本章中主要研究了视觉空间与力觉空间的融合统一问题。首先分析了视觉和力觉双感知虚拟现实系统中的坐标系，包括立体投影系统坐标系、视点坐标系和力觉交互系统坐标系。之后利用坐标变换将它们统一到以投影屏幕中心为原点的投影系

118

统坐标系中，以此实现力觉与视觉空间的融合。为了避免视觉感知和力觉感知的冲突，必须对操作者的视点和指端位置进行精确跟踪，也就是各独立坐标系的精度问题，本章在5.3、5.4两个小节中做了深入研究，即电磁跟踪器和力觉交互系统的校准。最后进行了直接操作实验，操作者可以在一定范围内对场景中的虚拟物体进行直接操作而不会发生感知冲突，显示了空间融合统一的效果。

参 考 文 献

[1] 徐丹丹．虚拟空间的生产、控制与修辞：一个装置运作的视角［J］．扬州大学学报（人文社会科学版），2024，28（02）：117 – 128.

[2] ARROYAVE – ESPINOSA L M, ANTÓN – SANCHO Á, ARIZA – ECHEVERRI E A, et al. Solving spatial vision difficulties related to the instruction of welded joints by using PDF – 3D［J］. Education Sciences, 2022, 13 (1): 28.

[3] 王艳菲，姜烁，齐元瑗，等．基于虚拟现实技术的植物景观空间视觉感知评价研究——以聊城大学东湖景点为例［J］．现代园艺，2024，47（07）：39 – 42.

[4] 江雨芯，尚秦文，张渐．基于虚拟空间的交互影像视觉设计［J］．电视技术，2023，47（11）：97 – 99.

[5] 郭丽娟，李沛．空间视觉要素对消费者购买服装意愿的影响［J］．毛纺科技，2023，51（09）：92 – 99.

[6] TRIVIÑO – TARRADAS P, MOHEDO – GATÓN A, FERNÁNDEZ R E H, et al. Preliminary results of the impact of 3D – visualization resources in the area of graphic expression on the motivation of university students［J］. Virtual Reality, 2022: 1 – 16.

[7] 谢云豪．空间认知理论下商业街道空间界面互动机制与再辨识策略［D］．青岛：青岛理工大学，2023.

[8] ZENG L, DONG X. Artistic style conversion based on 5G virtual reality and virtual reality visual space［J］. Mobile Information Systems, 2021, 2021 (1): 9312425.

[9] 张梦迪．基于虚拟现实技术的飞行人员空间认知能力评价研究［D］．合肥：安徽医科大学，2023.

[10] 王鹏．乡村旅游背景下川西民居院落空间视觉舒适度研究［D］．成都：西南交通大学，2022.

[11] 赵艺璇．基于虚拟现实的空间认知能力智能评估系统研究［D］．广州：华南理工大学，2022.

[12] CAO C. Research on a visualservoing control method based on perspective transformation under spatial constraint［J］. Machines, 2022, 10 (11): 1090.

[13] SIPATCHIN A, GARCIA M, SAUER Y, et al. Application of Spatial Cues and Optical Distortions as Augmentations during Virtual Reality (VR) Gaming: The Multifaceted Effects of Assistance for Eccentric Viewing Training［J］. International Journal of Environmental Research and Public Health, 2022, 19 (15): 9571.

[14] 马凤云，夏振平，程成，等．近眼显示中光学畸变对视觉诱导晕动症的影响［J］．液晶与显示，2023，38（09）：1215 – 1223.

[15] 胡洛铭. 基于多目立体视觉的船行波稠密重构 [D]. 大连：大连海事大学, 2022.

[16] 向华静, 杜彩兰. 元宇宙概念下立体化视觉设计研究 [J]. 艺术教育, 2023（10）：210 – 213.

[17] 张庆龙, 王玉明, 程二威, 等. 导航接收机跟踪环路电磁干扰的预测方法研究 [J]. 电子与信息学报, 2021, 43（12）：3656 – 3661.

[18] CROWTHER M, RICKER J, FRANK L, et al. Arterial monitoring system leveling method, transducer location, and accuracy of blood pressure measurements [J]. American Journal of Critical Care, 2022, 31（3）：250 – 254.

[19] 郭嘉琦, 赵友平. 一种射线跟踪信道仿真的电磁参数选取方法 [J]. 电波科学学报, 2022, 37（01）：99 – 105.

[20] NANJAPPA R, MCPEEK R M. Microsaccades and attention in a high – acuity visual alignment task [J]. Journal of Vision, 2021, 21（2）：6 – 6.

[21] 蔡春雅, 戴振晖, 张白霖, 等. 基于 Calypso 电磁实时跟踪系统的 4D 剂量验证 [J]. 中国医学物理学, 2019, 36（05）：513 – 516.

[22] 聂春萌, 杨建伟. 虚拟现实系统中多自由度电磁跟踪方法仿真 [J]. 计算机仿真, 2019, 36（04）：330 – 333.

[23] Y. L, Y. C, Z. G, et al. BachGAN：High – resolution image synthesis from salient object layout [J]. Proceedings of the IEEE Computer Society Conference on Computer Vision and Pattern Recognition, 2020, 8362 – 8371.

[24] SONG W, LI Y, ZHU J, et al. Temporally – adjusted correlation filter – based tracking [J]. Neurocomputing, 2018, 286, 121 – 129.

[25] 李志飞. 面向运动跟踪的电磁定位技术研究 [D]. 北京：中国科学院大学（中国科学院深圳先进技术研究院）, 2018.

[26] KWON S, HWANG J. Hybrid – type spatial mask – panel alignment system for manufacturing flat panel displays [J]. Proceedings of the Institution of Mechanical Engineers, Part B：Journal of Engineering Manufacture, 2013, 227（11）：1724 – 1732.

[27] URISH L K, WILLIAMS A A, DURKIN R J, et al. Registration of Magnetic Resonance Image Series for Knee Articular Cartilage Analysis [J]. CARTILAGE, 2013, 4（1）：20 – 27.

[28] 盛昶, 沙敏, 邹小玫, 等. 基于 DSP 的旋转磁场电磁跟踪系统设计 [J]. 中国医疗器械, 2018, 42（02）：79 – 83.

[29] 高明柯, 陈一民, 张典华, 等. 增强现实系统中电磁跟踪器注册精度校正研究 [J]. 计算机应用与软件, 2017, 34（10）：118 – 123.

[30] 宋长祝. 基于嵌入式系统的六维位姿电磁定位系统 [D]. 宁波：宁波大学, 2017.

[31] KWON S, HWANG J. Kinematics, pattern recognition, and motion control of mask – panel align-

ment system ［J］. Control Engineering Practice，2011，19（8）：883 – 892.

［32］刘洋，马宝秋，徐桓，等. 基于电磁定位的软组织术中实时跟踪系统的开发［J］. 中国医学装备，2015，12（04）：6 – 9.

［33］刘涛，尹仕斌，任永杰，等. 机器人工具坐标系自动校准［J］. 光学精密工程，2019，27（03）：661 – 670.

［34］尹仕斌，任永杰，郏继贵，等. 机器人视觉测量系统中的工具中心点快速修复技术［J］. 机器人，2013，35（06）：736 – 743.

第6章 双指直接力觉交互

6.1 虚拟现实中的双指力觉交互

虚拟现实系统中加入力觉交互通道，极大地提高了虚拟现实体验的真实感。通过各种力觉交互系统，操作者可以触摸虚拟世界，操纵虚拟物体，以期获得真实的力觉体验。实现对虚拟物体的操作，比如抓取、移动、翻转等，是力觉交互的主要特点，同时也是重大的挑战。如何才能真实地模拟虚拟物体操作过程中的力觉感知，是设计力觉交互设备和进行交互力的计算时都必须要考虑的问题。

为了模拟人类对真实物体的操作，首先有必要分析人手抓取形式。机器人学领域对人手抓取物体方式进行了比较多的研究。研究者指出，人手之所以能够抓取各种不同形状、不同材质的物体，其根本原因在于人手能采取各种各样的抓取姿态去适应特殊的任务要求。概括人手的各种抓取方式，可分为手掌接触抓取、指端接触抓取、手指侧面接触抓取、虚拟指抓取和混合抓取，如图6.1所示。

其中前三者为人手抓取的基本类型：

（1）手掌接触抓取。定义手掌为"虚拟指1"，除大拇指外的四指为"虚拟指2"的相对面抓取。它以牺牲抓取灵活性以换取抓取的稳定性，手掌及各指大面积接触被抓物，能够充分发挥出抓取力，同时提供足够的摩擦力。大拇指可以用于增加抓力，因此这种抓取方法保证了最大的抓取力和抓取稳定性。

（2）指端接触抓取。将大拇指作为"虚拟指1"，另外四指作为"虚拟指2"的相对面抓取。它具有良好的抓取灵活性，抓取精度较高，但在抓取稳定性及抓取力上受到一定限制。

（3）手指侧面接触抓取。大拇指为"虚拟指1"，食指朝大拇指的侧面为"虚拟指2"接触面的抓取，其抓取灵活性和稳定性介于手掌接触抓取和指端接触抓取之间。

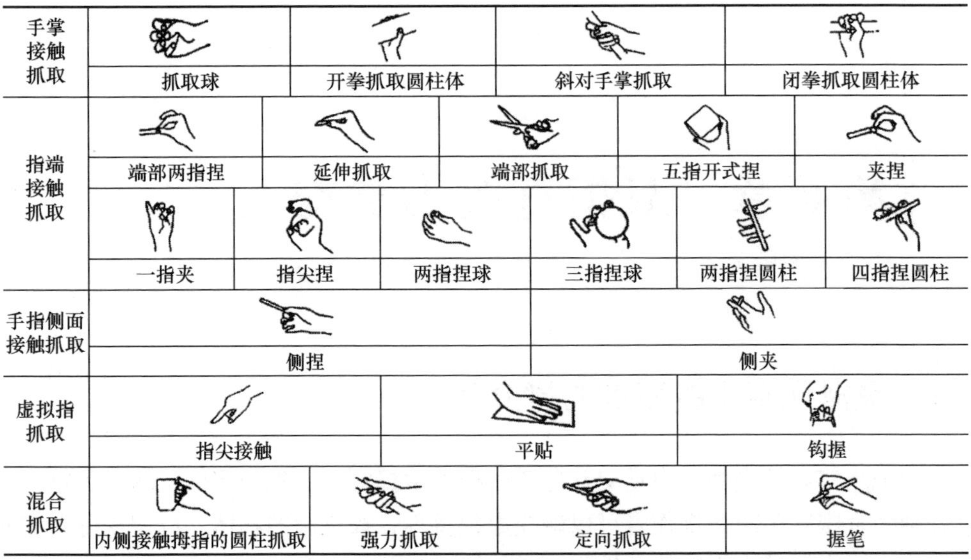

手掌接触抓取	抓取球	开拳抓取圆柱体	斜对手掌抓取	闭拳抓取圆柱体	
指端接触抓取	端部两指捏	延伸抓取	端部抓取	五指开式捏	夹捏
	一指夹	指尖捏	两指捏球	三指捏球	两指捏圆柱	四指捏圆柱
手指侧面接触抓取	侧捏			侧夹	
虚拟指抓取	指尖接触		平贴		钩握
混合抓取	内侧接触拇指的圆柱抓取	强力抓取	定向抓取	握笔	

图 6.1　人手的各种抓取方式

上述三种基本抓取方式可以实现其他几种典型的抓取。从前面的介绍可以看出，现实生活中大部分的抓取任务可以用两根手指来完成，而对于一些诸如高精度的圆球、圆盘等抓取，可以引入第三指来提高其稳定性。因此，为了模拟真实的抓取，虚拟现实中的力觉交互系统需要同时跟踪操作者至少两根手指的运动，实现与虚拟物体的交互，并向这些手指输出交互力。可以肯定的是，用到的手指越多，用户感觉越真实，但同时交互设备也越复杂，交互过程的模拟、交互力的生成越困难。本书研究的力觉交互系统可以跟随两根手指运动，并同时为两根手指提供交互力。两根手指可以是操作者两只手中的各一根手指，比如两根食指，也可以是一只手上的两根手指，通常是右手食指和拇指。在现实生活中，人们一般是以右手食指和拇指完成夹取物体的操作，因此本书的研究也是按此种操作过程来模拟。

为了能准确表现操作者抓取和操作虚拟物体时的感觉，力觉交互系统应该提供足够的自由度和工作空间。另外，力觉交互设备应该能提供以下两种类型的力：

1. 内部力

作用在操作者手指上并且能在操作者身体内相互抵消的力。主要包括手指挤压虚拟物体造成的力。

2. 外部力

施加在操作者手上并且不能被内部抵消的力。这样的力包括物体重力、惯性力和与虚拟环境的接触力等。

对内部力的模拟可以利用手套式力觉交互设备，比如 Cybergrasp，但是它们的最大缺点是不能模拟外部力，真实性较差。有研究者将力觉交互手套与 PHANToM 等固定式设备结合，表现出重力等外部力信息，扩展了应用范围。但是由于外部力只能加到手腕或手背等部位，手指上感受到的力还只是内部力。Melder 等学者运用多个固定式单点力觉交互设备实现了多指对虚拟物体的平移和旋转操作，力的生成基于点接触并结合摩擦锥原理。力的感觉较为真实，但是这种方式不能实现对虚拟物体的直接操作，交互自然性和沉浸性受到限制。

本章利用前文所描述的线绳式双指力觉交互系统，实现了对虚拟物体的直接触碰、抓取和移动等操作。根据虚拟操作过程中不同的交互状态，分别计算两指上的交互力和对虚拟物体的影响，交互过程直观真实。

无论是现实世界还是虚拟环境中，总是有很多物体存在。现实世界中人们抓着一个物体与其他物体接触碰撞时，总会感到相应的力作用，碰到的物体也会发生一定的状态改变，例如小件物体被碰后从桌上跌落。这些过程和其中的交互力也是虚拟物体操作模拟中必须表现的内容。本章中研究了操作者抓着一虚拟物体与其他虚拟物体发生碰撞或挤压时，产生的作用力和运动状态的改变，以及如何将作用力在两根手指上真实地表现出来。

6.2　双指力觉交互的实现

6.2.1　抓取过程及双指交互力

为了真实地模拟人们利用食指和拇指抓取操作物体的过程，本书将双指对虚拟物体的操作细分为六种状态（见图 6.2），分别是食指拇指都与虚拟物体无接触状态（自由状态）、食指单独接触状态、拇指单独接触状态、双指同时接触状态、抓取状态和操作状态，下面对这几种状态分别进行说明。

1. 自由状态

拇指和食指的指端，也就是力觉交互系统的两个末端均未与虚拟物体发生接触。此时操作者和虚拟物体之间无交互作用，力觉交互系统不输出力，虚拟物体的运动状态也不发生改变。

2. 食指单独接触状态

此时，操作者食指指端接触并侵入虚拟物体。

基于上一章所介绍的虚拟墙力觉模型，交互力根据指尖进入虚拟物体的深度计算得出。此时指端平行于接触面的运动不产生力，也就是说忽略手指与物体的摩

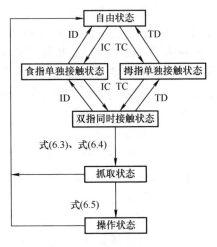

图 6.2　双指对虚拟物体的操作

ID—食指与物体接触　TD—拇指与物体接触

IC—食指脱离物体表面　TC—拇指脱离物体表面

式（6.3）、式（6.4）—摩擦力足以保证抓取物体，物体有

脱离桌面趋势　式（6.5）—物体完全脱离地面

擦。计算得出的交互力通过线绳式力觉交互设备施加给操作者，各线绳分别提供相应的拉力，拉力分配方法第 3 章已经进行了详细说明。

不同于虚拟墙实验，此时的虚拟物体并不一定是固定不动的，而是与实际物体有着同样的动力学特性。比如交互力足够大时，虚拟物体将被推动，在桌面上滑行。物体与桌面之间的摩擦力和手指上的力共同作用，决定虚拟物体的运动状态，摩擦力的计算和物体的运动由物理引擎完成。物理引擎的功能与实现将在本小节下面部分说明。

3. 拇指单独接触状态

与食指单独接触状态类似，不再赘述。

4. 双指同时接触状态

双指指端同时与虚拟物体接触，并且双指接触力的和小于某一设定值，即

$$|F_i| + |F_t| < F_p \tag{6.1}$$

式中，F_i 为食指上的交互力，F_t 为拇指上的交互力，F_p 为设定值。此式基于摩擦理论，对于接触面平行的虚拟物体，假设物体与双手间的摩擦系数为 k，物体重量为 mg，则双指接触力的和必须大于等于 mg/k，才能将物体抓离桌面，此时 $F_p = mg/k$。

不同的虚拟物体，F_p 的值是不同的，甚至可能为无穷大。这就意味着，无论

双指施加多大的力，都无法将物体抓离桌面，这种情况可能出现在接触面夹角小、摩擦系数也小的物体上。如图 6.3 所示锥体，若夹角和摩擦系数满足式（6.2），则 F_p 应设为无穷大，即两指无法将此锥体抓离桌面。

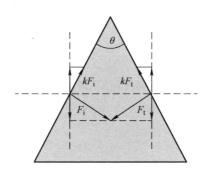

图 6.3 摩擦力与锥面夹角

$$kcos \frac{\theta}{2} > sin \frac{\theta}{2} \tag{6.2}$$

交互力的计算同样由指端侵入虚拟物体的深度决定。虚拟物体运动状态由双指输出力和物体与桌面摩擦力共同决定。

5. 抓取状态

在这种状态下，食指和拇指都与虚拟物体接触，双指接触力的和不小于设定值，虚拟物体与桌面垂直距离小于设定值，即

$$|F_i| + |F_t| \geqslant F_p \tag{6.3}$$

$$0 < h < H_p \tag{6.4}$$

式中，h 为虚拟物体与桌面垂直距离，H_p 为定值。此判断条件是为了真实模拟手指抓持物体脱离虚拟桌面的过程，在此过程中手指受到的垂直作用力是缓慢增大而不是突然变化的。有一点需要注意，mg/H_p 应该小于力觉交互系统最大表现刚度，以免引起交互过程的振动。

当虚拟物体脱离桌面时，双指侵入虚拟物体深度相同，沿两点连线方向上交互力大小相同，方向相反。虚拟物体与双指共同运动，其运动状态完全由操作者决定。物体坐标系满足右手定则，其中 X 轴经过两指端，Y 轴水平，如图 6.4 所示。

6. 操作状态

在这种状态下，食指与拇指都与虚拟物体接触，并且虚拟物体与支撑面分离超过指定高度，即

$$h \geqslant H_p \tag{6.5}$$

与抓取状态相同，虚拟物体与双指一起运动，位姿取决于双指的空间方位。操作者自由操纵虚拟物体完成平移，和绕 Y 轴、Z 轴的旋转，不能实现绕 X 轴的旋转。需要注意，实际生活中两手指抓持物体是可以实现绕 X 轴旋转的，因为手指与物体的接触形成了摩擦面，而本书所研究的力觉交互机构只以一个点代表指端，与实际情况有差别，限制了运动自由度，对力的模拟也有失真，本章下面部分将有论述。

操作状态下，虚拟物体的重力应该由两指来平衡，包括力的平衡和绕 Y 轴的力矩平衡。由于交互设备的限制，我们做了物体不会绕 X 轴转动的假设，因此重力平衡可以放到 XZ 平面进行，如图6.5所示。

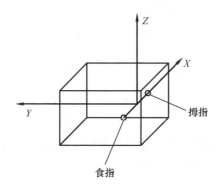

图6.4 抓取状态物体坐标系

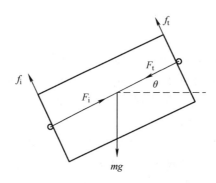

图6.5 操作状态下双指受力情况

图中所示各力满足下面的方程组：

$$\begin{cases} mg\sin\theta = F_i - F_t \\ mg\cos\theta = f_i + f_t \\ f_i = kF_i \\ f_t = kF_t \end{cases} \tag{6.6}$$

式中，mg 为物体重力，k 为物体与手指摩擦系数，θ 为 X 轴转动角，F_t 和 f_t 为拇指所需夹持力和摩擦力，两者合力通过力觉交互设备作用在操作者拇指上，F_i 和 f_i 为食指提供的夹持力和摩擦力。

6.2.2 物理引擎的应用

前文提到，当用户与虚拟环境进行交互时，要使虚拟环境中的虚拟物体能够像现实世界中的物体那样运动、相互作用，需要利用基于物理的模拟技术实现。在简单的场景中，参与交互的物体比较少，可以通过单独脚本运算的方式，计算每一个交互力并控制虚拟物体的运动状态。但是，在比较复杂的场景中，虚拟物体较多，有的与操作者交互，有的只是物体间相互碰撞、挤压或摩擦。它们逼真的运动控制必须通过物理引擎来实现。

物理引擎是进行物理建模、实现物理模拟的相应软件开发包。物理引擎通过为刚性物体赋予真实的物理属性的方式来计算运动、旋转和碰撞响应，要求虚拟物体都要遵循物理规律来运行。在物理引擎的支持下，虚拟现实场景中的模型有了实体，一个物体可以具有质量，可以受到重力，可以和别的物体发生碰撞，可以受到用户施加的推力而发生运动变化以及因为压力而变形等。

物理引擎的理论基础主要有：动力学、数值计算、碰撞检测。动力学提供了物理学对现实力学现象的数学描述，这种描述是定量的、可计算的，在刚体动力学中，这些运动规律是用常微分方程描述的。数值计算提供了解运动微分方程的手段，目前有许多微分方程数值计算方法，例如有欧拉法及其改进形式，龙格－库塔法，自适应步长的龙格－库塔法。有的运算速度快，有的运算精度高，但很难保证计算速度快的同时精确度很高。碰撞检测用于一类非贯穿性约束力学现象的实现，现实中的物体在运动中相遇即发生碰撞，根据现实物体材料性质、碰撞前速度的不同，碰撞后的运动状态也不相同。

常见的物理引擎有 Havok、PhysX、ODE、Bullet、TOKAMAK 和 Newotn 等。在本书研究中，虚拟世界的建模生成采用的是 EON 软件，其中的 Professional 物理功能模块是基于 Vortex 物理引擎而开发出来的，该物理引擎是一个以牛顿力学为基础而开发出来的动态仿真力学引擎。EON Professional 的物理功能模块为虚拟物体附以了多种物理特性，如：重力、质量、摩擦力以及物体之间的多种物理约束。

在双指力觉交互体验中，物理引擎一方面负责不与操作者直接交互的物体之间的交互及各自状态，另一方面要实现与用户自编程模块的通信。比如，操作者以单指推动虚拟物体在桌面上滑动，指端与虚拟物体交互力的大小根据虚拟弹簧模型计算。计算得出的交互力传递给物理引擎，物理引擎结合物体与桌面的摩擦特性控制物体的运动状态。另外一种情况是，如果操作者抓持的虚拟物体与其他物体碰撞，碰撞力的生成规则也由编程者制定，物理引擎同样需要接受碰撞力的输入，结合被撞物体特性和环境制约控制其运动状态。形象地说，物理引擎如同一个运动数据发生器，接受虚拟物体受到的力、力矩的输入，输出物体的运动状态数据（位姿、线速度、角速度），进而作用于绘制虚拟场景的图形应用程序接口（API，包括OpenGL、Direct3D 等）或者更高层的图形库，其工作原理如图 6.6 所示。

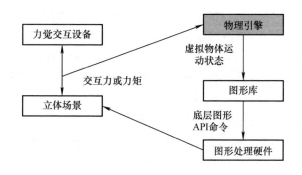

图 6.6　物理引擎工作原理

6.2.3　碰撞力的计算及表现

人手抓着物体经常会与其他物体发生碰撞，从生活经验可知，碰到不同的物体，不同的碰撞速度，人手会感觉到不同的冲击力。为了增强虚拟环境的真实性，虚拟环境中也应该逼真地模拟碰撞现象，生成真实的碰撞力作用在操作者手指上。双指力觉交互的碰撞力是指双指抓持的物体与其他物体发生碰撞时所产生的作用力及其对操作者手指产生的冲击。由碰撞力，操作者能感知物体的硬度和运动状态等物理属性。双指抓持着虚拟物体与其他物体发生碰撞是双指力觉交互的具体操作动作之一，是力觉交互重要的内容，其关键问题是如何生成真实的碰撞力作用到操作者两根手指上。

学者们对如何逼真模拟刚体碰撞、生成碰撞力并通过力觉交互设备传递给操作者进行了广泛的研究。康斯坦丁内斯库（S. E. S. Constantinescu. D）和克罗夫特（E. A. Croft）采用碰撞过程中物体可变硬度的碰撞模型，利用"泊松恢复假设"

和"牛顿恢复假设"，计算刚性物体碰撞冲击力；巴拉夫（Baraff）基于接触力和相对法向加速度的线性关系来计算刚性物体的多点碰撞，并提出了计算带有摩擦的接触力算法，用以模拟二维机构的接触力和碰撞冲量。浙江大学的杨文珍等研究了虚拟手交互时的碰撞力，建立了硬度恒定的碰撞模型并用弹性恢复假设预测碰撞后的物体运动状态。

　　双指抓持虚拟物体与虚拟环境中其他物体发生碰撞有两种情况。一种情况是发生碰撞后抓持物体被弹开，脱离接触；另一种情况是抓持物体与其他物体持续接触，推动小质量物体共同运动或与大质量物体抵触。本书所研究的碰撞指的是第一种情况。碰撞过程可以描述为有摩擦的弹性碰撞，并假设弹性恢复系数一定。

　　碰撞力的计算过程可以分为两步，第一步计算出碰撞后被撞物体的运动状态，第二步根据冲量定理和碰撞作用时间计算出平均碰撞力。假设空间中的质点刚体 1 与刚体 2 发生有摩擦碰撞，刚体 1 代表的是操作者所抓持的物体。以刚体 1 为研究对象，碰撞前其质心速度为 v_1，入射角为 α，要预测出碰撞后的质心速度 u_1 的大小和方向 β，如图 6.7 所示。

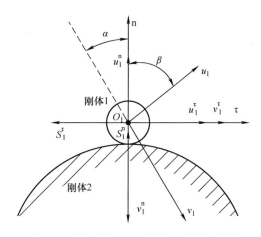

图 6.7　质点刚体 1 与刚体 2 碰撞示意图

　　设刚体 1 碰撞前的法向速度为 v_1^n，切向速度为 v_1^τ，碰撞后的法向速度为 u_1^n，在碰撞过程中，弹性恢复系数 k 保持不变，刚体 1 受到切向冲量 S_1^τ 和法向冲量 S_1^n 作用。由冲量定理可得

$$m_1(u_1^\tau - v_1^\tau) = S_1^\tau \tag{6.7}$$

$$m_1(u_1^n - v_1^n) = S_1^n \tag{6.8}$$

　　根据库仑定理，法向冲量 S_1^n 和切向冲量 S_1^τ 关系可用下式表示：

$$S_1^\tau = \int_0^{t_1} f_1^\tau(t)\,\mathrm{d}t = \int_0^{t_1} \mu f_1^n(t)\,\mathrm{d}t = \varpi S_1^n \qquad (6.9)$$

式中，$f_1^n(t)$，$f_1^\tau(t)$，μ 分别表示刚体 1 碰撞过程中受到的法向力、切向力和摩擦系数。以上三式可以推导出

$$\frac{1}{\mu} = \frac{u_1^n - v_1^n}{u_1^\tau - v_1^\tau} \qquad (6.10)$$

弹性恢复系数的意义如下：

$$k = \frac{u_1^n + u_1^\tau}{v_1^n + v_1^\tau} \qquad (6.11)$$

由式（6.10）和式（6.11）可以计算得出刚体 1 碰撞后的法向速度和切向速度为

$$u_1^n = \frac{v_1^\tau(k-1) + v_1^n(k+\mu)}{1+\mu} \qquad (6.12)$$

$$u_1^\tau = v_1^\tau + \frac{\mu}{1+\mu}(v_1^\tau + v_1^n)(k-1) \qquad (6.13)$$

求得质点刚体 1 碰撞后的运动状态，就可以计算其在碰撞过程中所受的碰撞力。假设在碰撞过程中刚体受到平均碰撞力作用，且为常量。平均碰撞力 f_1 是平均法向力 f_1^n 和平均切向力 f_1^τ 的合力。人为设定好作用时间，根据冲量定理，就可以求出两者的值为

$$f_1^n = \frac{S_1^n}{t_1 - t_0} = \frac{m_1(u_1^n - v_1^n)}{t_1 - t_0} \qquad (6.14)$$

$$f_1^\tau = \frac{S_1^\tau}{t_1 - t_0} = \frac{m_1(u_1^\tau - v_1^\tau)}{t_1 - t_0} = \frac{\mu S_1^n}{t_1 - t_0} = \mu f_1^n \qquad (6.15)$$

求出了碰撞过程中的法向力和切向力，它们作用在操作者指端的方式与重力作用方式类似，参考图 6.5 与式（6.6）。

6.3　双指交互实例

为了评价上节中所描述的抓取过程模拟方法及交互过程中作用力的真实性，利用 EON 软件生成了如图 6.8 所示的双指抓取虚拟操作场景。

操作者可抓取虚拟桌面上所放置的两个矩形物体，一为灰色，一为橙色，灰色物体直接放置于桌面，橙色物体放在一块橡胶垫上。桌面与物体，橡胶垫与物体间设置不同的摩擦系数，操作者可以体验推动物体滑动时的不同摩擦力。操作者还可以抓着物体与场景左侧的银灰色物体碰撞，体验碰撞力的效果。

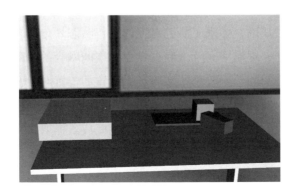

图 6.8 双指抓取虚拟操作场景

操作者完成体验后，从 3 个方面对系统进行评价，分别是抓取操作可完成性、抓取过程真实性和碰撞感真实性。评价分为 5 级，如图 6.9 所示。

图 6.9 操作评价等级及相应分数

五位操作者完成体验后的评价结果如图 6.10 所示。

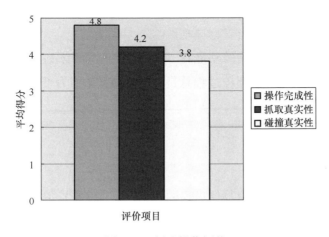

图 6.10 抓取操作评价

从评价结果可以看出，操作的可完成性评价较高。每个实验参与者都能实现对虚拟物体的双指直接抓取，体现了研究对抓取操作状态划分的合理性和有效性。同时这个结果也是建立在虚实空间统一和视觉力觉空间融合的基础上的，操作者的视觉感知和力觉感知之间的偏差较小。实验场景设置的位置对实验的顺利进行有一定帮助，联系第 5 章中的实验，单指触碰虚拟球在中心位置也是精度较高的，如果所要抓取物体在偏离中心较远位置操作可能就不能完成。抓取真实性评价也说明了这一点。

抓取真实性评价得分低于操作完成性，有以下几方面的原因：

1）操作者虽然能完成操作，但是指端与虚拟物体有一定距离，影响了真实感。尤其是有的实验者表示当把虚拟物体拿到虚拟桌面边缘位置时，看上去物体已经脱离了手指，由于抓握力的存在才使得操作得以进行。力觉与视觉感知的融合精度需要进一步提高。

2）为了防止重力突然施加到手指上造成的振动，作者用了虚拟弹簧表现虚拟物体脱离桌面时作用力在指端的逐渐增大。弹簧刚度值的不同给操作真实感带来了一定影响，需要进一步实验确定合适的取值。

3）由于交互设备的限制，不能表现出扭转力，当虚拟物体重心不在两指中间时，力觉表现有缺失。

但是总体来说，本章的工作还是在一定程度上表现出了抓取过程中手指上的力觉感受。虚拟物体在桌面滑动时的力觉感受也比较真实，这也得益于物理引擎的应用，虚拟物体的动力学特性有较好体现。

本章所提出的碰撞力生成算法能在一定程度上模拟真实碰撞过程，但是由于现实世界中没有真正的刚体，碰撞过程总是黏性碰撞且碰撞力不恒定，模拟真实性仍有很大提高余地。

6.4　本章小结

本章在分析人手实际抓取物体过程的基础上，将双指抓取虚拟物体细分为六种操作状态，根据每一种状态下的不同交互状态，分别计算双指上的交互力，并将作用力通过线绳式力觉交互机构作用在操作者食指和拇指上。实验证明该方法有较高的真实性和可操作性。并且提出了基于弹性碰撞假设的碰撞力生成算法，模拟操作者抓持物体与场景中其他物体碰撞时的力觉感，算法原理简单，实现方便，能在一定程度上表现现实世界中的碰撞过程。为了提高复杂场景模拟的真实性，充分利用现有物理引擎，分工协作，不管是与操作者直接接触还是不直接接触的虚拟物体都能真实地表现其运动状态。

参 考 文 献

[1] 申雨泽. 虚拟现实环境下触觉通道在空间感知中的研究 [D]. 杭州: 杭州师范大学, 2023.

[2] MILLER L M, BRIZZOLARA S. Effect of amplitudes and frequencies on Virtual Planar Motion Mechanism of AUVs, Part I: Forces, moments and hydrodynamic derivatives [J]. Ocean Engineering, 2023, 286: 115512.

[3] 魏砚雨, 孙峰峰. 智慧文旅助力大运河江苏段文化遗产旅游开发 [J]. 美与时代 (上), 2022, (07): 45 – 48.

[4] 韩靖, 田歌, 潘俊君, 等. 鼻 – 颅底虚拟手术基于黏膜钳力交互的肿瘤形变 [J]. 计算机辅助设计与图形学学报, 2023, 35 (10): 1603 – 1611.

[5] ALTAI Z, MONTEFIORI E, LI X. Effect of Muscle Forces on Femur During Level Walking Using a Virtual Population of Older Women [M] //High Performance Computing for Drug Discovery and Biomedicine. New York, NY: Springer US, 2023: 335 – 349.

[6] 李嘉兴. 六自由度虚拟腹腔镜手术手控器研制与应用研究 [D]. 广州: 华南理工大学, 2022.

[7] 杨媛, 孔令云. 基于 VR 交互技术的手指动态识别追踪智能手套设备 [J]. 电子制作, 2023, 31 (04): 12 – 15.

[8] 刘旭兀. 融合力感知的机器人主从控制算法研究 [D]. 南宁: 广西大学, 2022.

[9] RITTER C, SENNE M, BERBERICH N, et al. Grip Force Dynamics During Exoskeleton – Assisted and Virtual Grasping [C] //2023 International Conference on Rehabilitation Robotics (ICORR). IEEE, 2023: 1 – 6.

[10] 张宗伟. 面向弱能人群的助行外骨骼机器人系统研究 [D]. 哈尔滨: 哈尔滨工业大学, 2021.

[11] ZHANG J, ZHU J, DANG P, et al. An improved social force model (ISFM) – based crowd evacuation simulation method in virtual reality with a subway fire as a case study [J]. International Journal of Digital Earth, 2023, 16 (1): 1186 – 1204.

[12] 苏晓航. 带有力反馈功能的增强现实脑穿刺手术训练系统研发 [D]. 福州: 福州大学, 2021.

[13] 邵斌澄. 基于力反馈及虚拟现实的移动机器人训练及控制技术 [D]. 南京: 东南大学, 2021.

[14] 李文庆. 基于互联网和虚拟技术的美术馆数字化路径 [J]. 科技传播, 2021, 13 (07): 155 – 157.

[15] 郑明钰, 李家和, 张晗, 等. 支持力反馈的沉浸式物理学习环境的构建 [J]. 图学学报, 2021, 42 (01): 79 – 86.

[16] 杨绍清, 刘伯艳. 基于 Unity 3D 的 Web 3D 全景交互技术实现 [J]. 科学技术创新, 2020, (31): 75 – 76.

[17] 邵明朝. 移动终端指尖交互的形变与接触力研究 [D]. 杭州: 浙江理工大学, 2014.

[18] 施梦甜. 基于协同控制的手臂抓取时空协调模型构建方法研究 [D]. 南京：南京邮电大学，2018.

[19] 张翰博，兰旭光，周欣文，等. 基于视觉推理的机器人多物体堆叠场景抓取方法 [J]. 中国科学：技术科学，2018，48（12）：1341 – 1356.

[20] 闫敬民，柳靓南，李荣，等. 物料抓取机械手设计及运动仿真 [J]. 中国管理信息化，2018，21（19）：75 – 77.

[21] CHRISTIAN R，MIRIAM S，NICOLAS B，et al. Grip Force Dynamics During Exoskeleton – Assisted and Virtual Grasping.［J］. IEEE International Conference on Rehabilitation Robotics：［proceedings］，2023，20231 – 20236.

[22] COSTES P，SOPPELSA J，HOUSSIN C，et al. Effect of the habitat and tusks on trunk grasping techniques in African savannah elephants.［J］. Ecology and evolution，2024，14（4）：e11317 – e11317.

[23] JEONG H，HWANG J，KWON S. Fast and Fine Control of a Visual Alignment Systems Based on the Misalignment Estimation Filter［J］. Journal of Institute of Control，Robotics and Systems，2010，16（12）：1233 – 1240.

[24] 李盛前. 基于视觉技术的水下焊接机器人系统研究 [D]. 广州：华南理工大学，2016.